農学・生命科学のための

物 理 学

土川　覚
稲垣　哲也　著

東京教学社

本書籍内において訂正や更新情報などがある場合は，
「東京教学社」ホームページの書籍紹介ページにて公開致します．
恐れ入りますが，右の QR コードよりご確認ください．

はじめに

農学，生命科学などの応用科学分野における物理学の重要性は，異分野融合型学問やデータサイエンス，ナノサイエンスなどの発展とともに年々高まっているにもかかわらず，基礎教育課程で学生諸君にこのことを伝えるのは意外と難しい．物理学に対する「食わず嫌い」的な苦手意識がはたらいてしまい，「物理学」と聞いた途端に思考回路を閉ざしてしまった経験をもつ方も多いのではないだろうか．

物理学は，自然界のさまざまな現象を普遍的に記述する学問である．まさに，物（モノ）の理（コトワリ）を追求する学問であるため，生命，生物といった具体的なモノを扱う場合にも，これらと運動，エネルギー，情報などの事象（コト）との関係を正しく表現することが物理学の目指すところであり，我々が目にする事柄の科学的な意味をできる限り単純かつ普遍的に捉えることに意を注ぐのである．このような立場は，物質や種固有の性質を逐一明らかにしようとする化学や生物学とは一線を画しているように思われるが，複雑な化学現象や生物体の構造を正しく理解するためには，まずは普遍的に物事を観るセンスを養うことが重要であり，これらの学問的基礎の上に立って新たな原理・技術を構築することが若い世代に強く期待されているのである．

筆者らは農学部１年生を対象とした「物理学」の講義を担当しているが，さまざまな生物体や自然現象に強い興味をもつ学生が，通常の理工系学生が使用する教科書を頼りにしつつも距離感を持って「物理学」を学ぶことに強い懸念を抱いていた．前著（生命・環境科学のための物理学）は，この点を打開するために企画されたものであり，農学，生命科学，環境科学などに所属する学生（1 ～２年生）を対象として，古典力学を中心とする物理学の基礎をていねいに説明することを目指した．本書は，前著の内容を踏まえつつも，とくに生物を対象とする農学，生命科学分野の学生諸君に力学や運動学，振動学などの素養が重要であることを認識できるように全編にわたって内容を見直し，章末問題の解答例もできる限り詳しく記述した．

筆者らの浅学非才のために，不備な点，訂正すべき点など多々あると思われる．読者諸賢からのご批判，ご教示をお願いする次第である．「物理学は，農学，生命科学を支える大きな柱である」ことを学生諸君が少しでも理解してくれることを切に願う．

本書出版の日を迎えることができたのは，ひとえに東京教学社編集部の激励のおかげである．また，本書の礎となった前著の執筆をご担当くださった佐々木康寿博士，横地秀行博士，山本浩之博士に，著者を代表して，心よりお礼申し上げる．

2025 年 3 月

著者を代表して

土 川　覚

contents

第1章 農学・生命科学における物理学

第2章 質点の運動

第3章 力と運動

第4章 仕事とエネルギー

第5章 回転運動と角運動量

第6章 質点系と剛体のふるまい

第7章 固体の変形

第8章 振動学・流体力学の基礎

第 1 章
農学・生命科学における物理学

物理学は，自然界のさまざまな現象を普遍的に理解するためには無くてはならない学問である．もちろん，農学・生命科学とも深い関わりをもっているが，この点を意識して生物と向かい合うことの重要性を考える機会はあまり多くないように思われる．

この章では，物理現象や物理学的観点から展開された農学・生命科学分野での研究事例などを紹介し，その意味や意義について幅広く考えてみたい．

1 農学・生命科学と物理学の関わり

農学・生命科学を学ぶ学生にとって，物理学はそれほど身近な存在とはいえないだろう．筆者らは農学部に在籍しているが，学生諸君のいわば「物理学アレルギー」が，最近ますます顕著になってきているように思える．講義を行っていても，「なぜ，農学部で物理を学ぶのか？どのような意味があるのか？」という眼差しを感じることが多い．しかし，著者らは「物理学が農学・生命科学を支える大きな柱の1つであるにも関わらず，なぜ農学部で物理学を学ばないのか？」と逆に問いかけてみたい．農学・生命科学の進展は，常に物理学と密接な関連があることを忘れてはならない．その一例として，ミクロなレベルでの生命理解の歴史を紐解いてみよう．

顕微鏡は，生物体の観察には欠かせない光学機器である（光学は物理学の重要な学問領域である）．最初の顕微鏡は1590年，オランダの眼鏡製造者であったハンス・ヤンセン（Hans Jansen），サハリアス・ヤンセン（Lacharias Jansen）親子によってつくられたとされている．物理学者であったガリレオ・ガリレイ（Galileo Galilei）は，この顕微鏡を改良して昆虫の複眼を描いている．イギリスの物理学者・天文学者であったロバート・フック（Robert Hooke）は，1655年に対物レンズと接眼レンズで構成される「複式顕微鏡」を製作し（図1-01），さまざまな生物を観察した記録「顕微鏡図譜」を発表した（フックは，ばねの伸びと弾性限度以下の荷重は正比例するという近似的な法則であるフックの法則の提唱者でもある．本書第7章参照）．

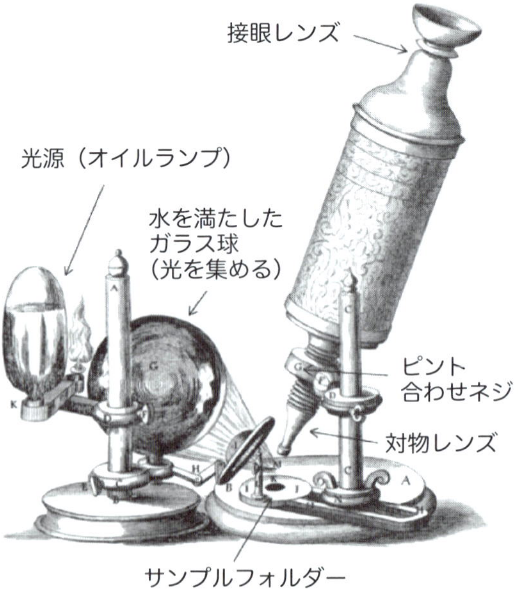

図1-01　ロバート・フック（Robert Hooke）の複式顕微鏡

彼はこの記録の中で，細胞壁で構成される小さな無数の部屋を「細胞」と名付けた．細胞の発見は，動物と植物がいずれも同じ構造単位から成っていることを認識させ，動物学と植物学の上位分野として**生物学**を誕生させることになったのである．また自然発生説の否定によって，いかなる細胞も既存の細胞から生じることが示され，生命の起源という現在も未解明の大きな問題の提示につながった．

1860年に，オーストリアの司祭であったグレゴール・ヨハン・メンデル（Gregor Johann Mendel）によって遺伝子の概念が提唱されたが，その具体的な内容については，染色体の研究を待たなければならなかった（彼はウィーン大学に留学し，ドップラー効果で有名なヨハン・クリスチアン・ドップラー（Johann Christian Doppler）から物理学と数学を学んだ．これらの理科的素養が彼の研究を深めていった）．その後，アメリカの化学者であるトーマス・ハント・モーガン（Thomas Hunt Morgan）が，キイロショウジョウバエを用いた研究で古典的な遺伝学の発展に貢献した．彼は，染色体が遺伝子の担体であるとする染色体説を実証したのであるが，これによって遺伝子の物質としての実態が初めて確認され，物理的に存在する物質として研究する道が拓かれた．その後，具体的な形と質量をもった遺伝子を研究対象とする物理学者が数多く現れた．1938年には，ドイツ生まれのアメリカの物理学者であるマックス・デルブリュック（Max Delbrück）によって，ファージ（大腸菌に感染するウィルス）の簡単な増殖モデルの研究が行われ，遺伝子モデルが提案された（図1-02）．デルブリュックは，20世紀に流行った物理学から生物学へ転向する潮流の中で，もっとも活躍した人物の1人である．

図1-02 マックス・デルブリュック（Max Delbrück）

では，遺伝子を最初に見た人は誰か？オーストラリア生まれのイギリスの物理学者であったウィリアム・ローレンス・ブラッグ（William Lawrence Bragg）によってキャベンディッシュ研究所内に設立された研究グループのメンバーである．彼らは，物理学の知識を生物学の研究に応用するさまざまな研究に携わっていた．ブラッグらは，1948年ごろにX線回折法による毛髪のタンパク質解析を行い，遺伝子の構造の一端を初めて捉えた．またブラッグは，同研究所でフランシス・クリック（Francis Crick：彼も物理学者）とジェームズ・ワトソン（James Watson）がデオキシリボ核酸（DNA）の二重らせん構造を発見した際にも重要な役割を演じている．「科学にとって重要なことは多くの事実を得ることではなく，それらについて新たな考え方を発見することである」は，まさに物理学の本質を突くブラッグの箴言である．ワトソンとクリックによるDNA二重らせん構造の発見は，クリックが物理学者から生物学者に転向してわずか6年後の一大事件であった（図1-03）．現在の生物学研究の根幹が物理学（クリック）と生物学（ワトソン）の共同研究であり，それをアレンジしたのがブラッグであったことの意義を学生諸君はよく理解してほしい．

「単純な系に着目し，できるだけ普遍的に拡張できる理論の構築を目指す」のが物理学の眼差しである．

図1-03　フランシス・クリック（Francis Crick：左）とジェームズ・ワトソン（James Watson：右）

2 農学・生命科学における物理

農学・生命科学のなかでの物理学の位置づけは，2つに大別される．

生物や生物由来の物質の機能や特性を解析するのが農学・生命科学の重要な役割であり，このような観点からすると，物理学は測定対象を計測する（解析する）際の基礎学問として重要である．先に示した顕微鏡の利用がこれに相当する．そのほかにも，さまざまな事例が挙げられる．生体分子に蛍光物質を標識して，個々の分子の挙動を近接場光顕微鏡という装置で観察する研究がある．近接場光の理解には，物理学の一種である**電磁気学**の知識が必要となる．もちろん，「電磁気学」や「近接場光」の知識が無くても装置を取り扱うことはできるが，これではスマートフォンのメカニズムを知らなくても操作は達者にできることと同じレベルであり，科学者・技術者としては褒められたスタンスではない．測定機器の本質を知らずに単なるユーザー的な立場にとどまるのであれば，得られた情報の意味を正しく理解して，深い知識に達することは難しいであろう．X線回折装置，NMR（核磁気共鳴）装置，AFM（原子間力顕微鏡）あるいはSTM（量子的トンネル効果を使った顕微鏡）などの機器も生物体の構造解析に必要であるが，いずれも同様のことがいえる．農学・生命科学に携わる研究者・技術者は，少なくとも「スーパーユーザー」的な立場でこれらの機器を活用すべきである（図1-04）．

図1-04 紙の分光計測

また，農林水産業を発展させて人間生活を豊かにするための技術開発や理論の研究に取り組むのが農学の重要な役割であるという応用学的な立場がある．例えば，樹木を伐採してこれを柱や板に加工し，住宅を建てたり家具を製造することは人間生活にとって欠かせない行為である．住宅や家具に木材を利用する際には，その強さや特性を知ることが大切な鍵になるが，これは，工学部で金属材料やプラスチックを研究することと何ら変わりはない．つまり，物理学の素養が強く求められるのである．木質科学と呼ばれるこのような学問も農学の重要な領域である（図1-05）．

図 1－05　木材の強度試験

さらに，日本の大学における農学系の学問領域と物理学との関連についていくつか述べてみたい．

農業工学は，工学的手法による農業の生産技術・生産環境の改良の研究や，機械化による農業経営の研究をする学問であり，農業土木や農業機械といった物理色の強い研究領域である．農業機械系の分野では，施設栽培や植物工場などでの安全で効率的な生産システムの開発が行われている．先端技術を導入し，正確で安全かつ快適な機械の開発や，生産をコントロールする技術が求められている．森林科学も物理学と密接な関連がある．林道の整備や砂防ダムの設計などに関わる林業と直結した土木工学的な学問は，森林科学の一分野であり，本格的な力学的計算能力が要求される．水産学は，水産資源の有効利用を科学的に追究する学問であるが，人工衛星による漁場探索の方法や工学的技術を用いた作業の省力化に関する研究も行われており，物理学とも深いつながりがある．

農芸化学は，農産物の生産から加工，保存，そして廃棄，再生というサイクルを，生物化学や有機化学などから研究していく，実験科学的な要素が強い学問分野である．したがって，さまざまな分析器を駆使して複雑な実験を行うことが多く，測定対象を計測する際の物理学的センスが実験の成否を決める．生物工学分野では，生物の遺伝情報をつかさどるDNAの組み換え技術を研究する「遺伝子工学」や，細胞の性質を変えたり細胞に有用物質を生産させたりする「細胞工学」などが重要な学問領域であり，物理学，生物物理学，生体計測工学などの素養が必要となる．

生物を物理の切り口から捉えるセンスは，社会に出てからたいへん役立つはずである．そのほかにも農学・生命科学に関連の深い物理学問として，「環境物理学」，「生物物理」などがある．

第2章
質点の運動

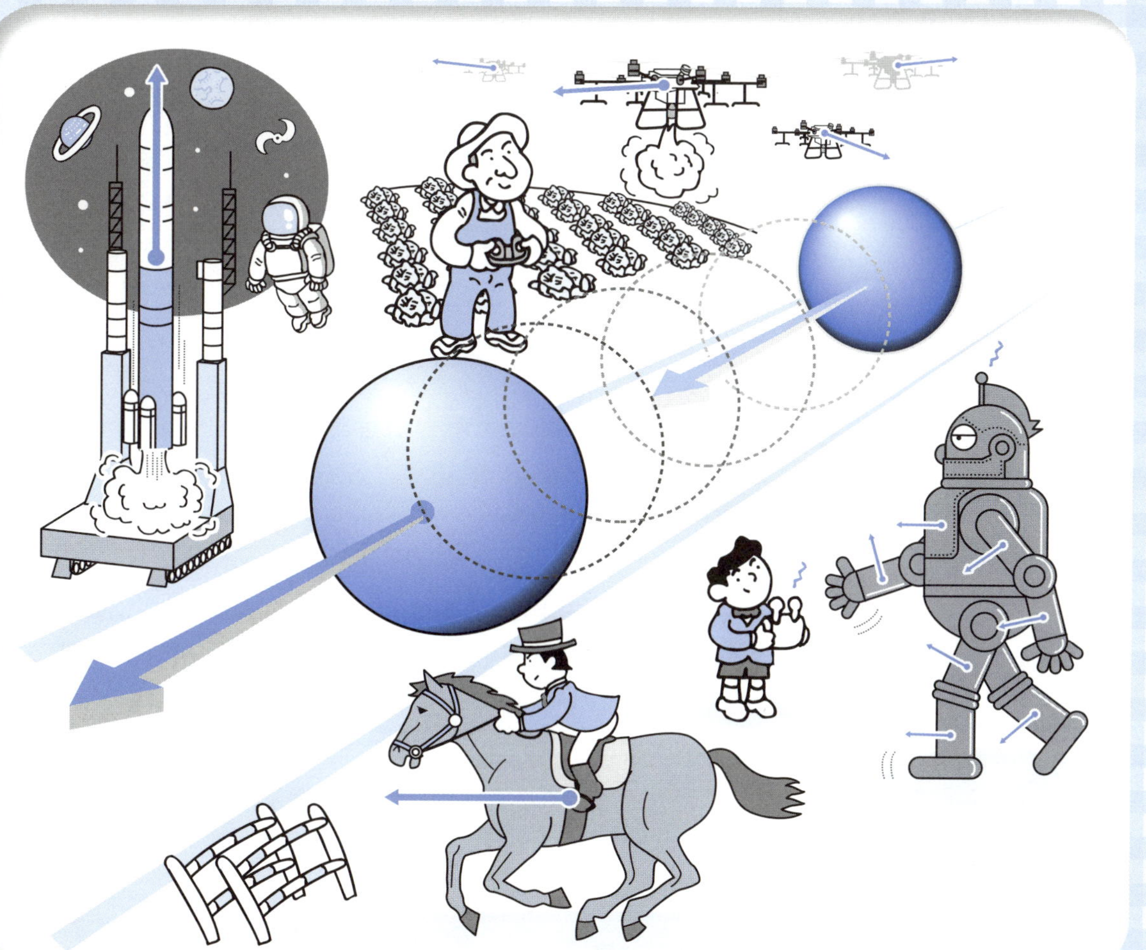

農学や生命科学で取り扱う物体は何らかの大きさ・形をもったものであり，また，何らかの運動をしている．そのため，「物体がどのような動きをしているのか，どのような動きをしようとしているのか?」を理解することは，基礎的な研究や実社会でもたいへん重要である．物体の動きを普遍的かつとても高い精度で表現できる古典力学（ニュートン力学）は，物体の運動と，その原因である力との関係を説明するものである．自動車，航空機やドローン，ロケットなどに限らず，農学・生命科学・環境科学・医学関連分野で扱う動物や植物，人体，そして地球などすべての物体は運動している．人間やロボットなどの二足歩行や姿勢の制御，ジャンプなどはすべて力学の法則に従っている．

本章では，物体の運動を考える基礎として，質点，速度，加速度の概念を把握し，抽象化された物体が運動する様子をどのように表現するかを学ぼう．

1 質点の定義と表現

1 質点とは

物体は大きさ・形をもっているだけでなく，変形したり回転したりする．風にそよぐ稲穂やリンゴをありのまま観察することも大切であるが，自然界の現象を単純かつ普遍的に捉えることが物事を理解する上では重要となる．農業用ロボットは，種まきや収穫などの作業を自動化するために使用されるが，アームの動きを最適化しなければ，うまく制御できない．農作物であれ，農業用ロボットであれ，物体の動きを的確に捉えるためには，まずは，単純化して考えるほうがわかりやすい．「質量をもつが大きさをもたず，その位置を一点だけで指定することができる物体」を**質点**と呼ぶ．大きさを無視するという発想が，少々わかりにくいかもしれないが，リンゴやロボットだけでなく，太陽や地球のような巨大な物体も「質量が一点に集約されたモノ」と捉えることによって，その運動を簡単に表現できるようになる．

2 質点の位置に関する表現

次に，質点の動き（運動）を数学的に表現することを考えてみよう．質点の動きを観察するには，質点が存在する空間内に何らかの基準を設け，空間における質点の位置を表すことが必要になるが，その基準となるものが**座標系**である．座標系には，**直交座標系**，**極座標系**などいろいろな種類のものがある．

ここではまず，直交座標系について考えてみよう．直交座標系は原点O，およびOで互いに直交する3つの軸 O_x，O_y，O_z で構成される．この空間の中で質点Pが存在する位置を，座標 $P(x,\ y,\ z)$ で表す（図 2-01）．

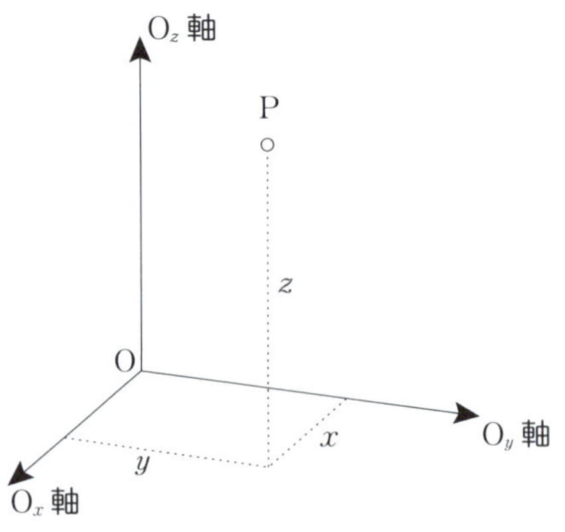

図 2－01　直交座標系

質点Pがその座標系に対して動かない（静止している）場合には，時間が経過しても座標P(x, y, z)は変わらない．これに対して，質点Pが運動しているときは，座標P(x, y, z)は時間とともに変わる．リンゴも地球も，これを質点とみなした場合には，直交座標系空間内で動くのである．質点Pの位置を時間tの関数として捉えると，O_x方向，O_y方向，O_z方向それぞれの座標は，

$$x = x(t), \quad y = y(t), \quad z = z(t) \tag{2.1}$$

で表される．

関数$x(t)$，$y(t)$，$z(t)$がわかれば，ある時刻からある時刻に質点Pが移動するルートもおのずと決まってしまう．ここで，「時刻」は時の流れの特定の瞬間のことであり，「時間」は時の経過の長さを示すものであることを再確認しておこう．

少し簡単な状況として，質点Pが3次元空間ではなく2次元の平面上で運動している場合を考えてみよう．例えば，アリが画用紙の上を気まぐれに移動している様子を想像してほしい．いま，その平面（画用紙）をxy平面とすれば，式(2.1)で$z=0$となるから，$x=x(t)$および$y=y(t)$という2つの関係で質点Pの移動を表すことができる．さらに質点Pの運動が一直線上に限られる場合（例えば，動いているアリの左右を壁でさえぎってしまえば），運動している直線をx軸にとれば$y=0$となり，$x=x(t)$という1つの関係で質点Pの運動が決まる．

2 質点の運動

1 速度と加速度

上記のアリ（質点P）の動き（直線運動）をもう少し物理学的に観察してみよう．時間がtから$t+\Delta t$まで経過する間の質点Pの位置の変化（変位）をΔxと書くと，$\Delta x = x(t+\Delta t) - x(t)$である．このときの**平均の速度**は，$\Delta x/\Delta t$（＝距離／時間）である．この値は，$\Delta t$によって変化する．そこで，$\Delta t$が限りなく0に近いときの$\Delta x/\Delta t$を考え，これを時間$t$における**（瞬間の）速度**（本来はベクトル量であり，大きさと向きをもつ．後ほど詳述する）と呼ぶ．速度を$v(t)$と定義すると，

$$\text{速度}\ v(t) = \lim_{\Delta t \to 0} \frac{\Delta x}{\Delta t} = \lim_{\Delta t \to 0} \frac{x(t+\Delta t) - x(t)}{\Delta t} = \frac{\mathrm{d}x(t)}{\mathrm{d}t} \tag{2.2}$$

である．速度$v(t)$は位置xを時間tで微分したものに等しく，図2-02に示すように，$x=x(t)$の接線の傾きに対応する．

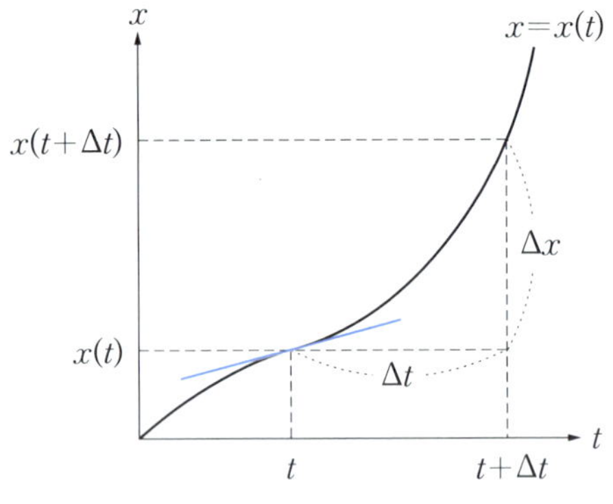

図 2－02　質点の位置の時間変化

速度の時間変化率，つまり，物体の速度が時間の経過とともに変化する率が**加速度**（これも本来はベクトル量）である．質点 P の速度 v も時間 t の関数であるから，加速度を $a(t)$ と定義すると，

$$\text{加速度}\ a(t)=\lim_{\Delta t\to 0}\frac{\Delta v}{\Delta t}=\lim_{\Delta t\to 0}\frac{v(t+\Delta t)-v(t)}{\Delta t}=\frac{\mathrm{d}v(t)}{\mathrm{d}t}=\frac{\mathrm{d}^2x(t)}{\mathrm{d}t^2} \tag{2.3}$$

となる．加速度は非常に重要な概念であり，さまざまな現象や問題の解析に使用される．農学分野に目を向けると，例えばトラクターの加速度は操作性や快適性に影響を与えるため，農業機械の設計や改良において，加速度の計測や解析が行われることがある．また，土壌中の物体の加速度に関する研究が行われており，例えば地震や土砂災害などのリスク評価や防災対策において加速度の情報が活用されている．

さて，ここで，物体の変位（位置）と速度，加速度の関係について整理してみよう．時間 t で微分すると速度 $v(t)$ となる関数は，$x(t)$，つまり，t における変位（位置）である（式(2.2)）．また，加速度 $a(t)$ と速度 $v(t)$ の関係についても，式(2.3)から同様の考察ができる．これらに，不定積分の考え方を導入すると，物体の変位（位置），速度，加速度間には図 2-03 のような相互関係がある．

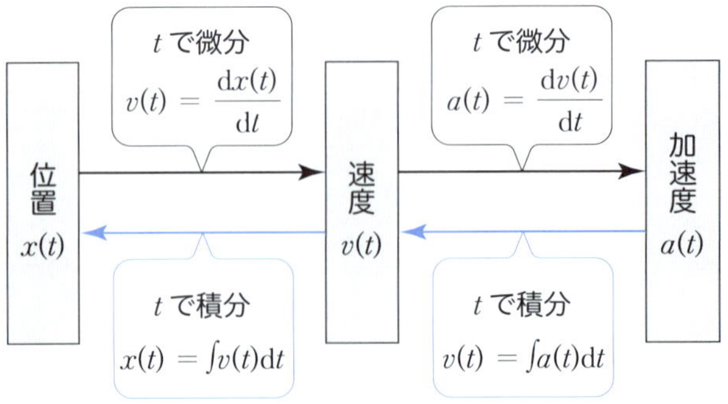

図 2－03　位置・速度・加速度と微分・積分の関係

2 等速直線運動

もう少し，質点Pの動き（直線運動）にこだわってみたい．速度が一定の等速運動では，物体の移動距離は移動時間に比例する．ある方向（x 軸）に沿って一定の速度 $v(t)=v_0$ で等速直線運動をする物体は，時間 t の間に $v_0 t$ 移動する．したがって，物体の位置，すなわち x 座標は，

$$x(t) = v_0 t + x_0 \tag{2.4}$$

で与えられる．ここで，x_0 は $t=0$ における物体の位置である．物体が x 軸上を正の方向に進む場合には v_0 は正であり，負の方向に進む場合には v_0 は負である．先ほど述べたように，位置 $x(t)$ を時間 t で微分すると，

$$\frac{\mathrm{d}x(t)}{\mathrm{d}t} = v_0 \tag{2.5}$$

であり，v_0 は速度（等速運動の場合は定数）である．

加速度 $a(t)$ は，速度 $v(t)$ を時間 t で微分することによって，以下のように与えられる．

$$a(t) = \frac{\mathrm{d}v(t)}{\mathrm{d}t} = \frac{\mathrm{d}^2x(t)}{\mathrm{d}t^2} \tag{2.6}$$

等速直線運動では，速度 $v(t)$ は一定値（v_0）となるから，(2.6) によって加速度は0となる．

位置，速度，加速度の関係を，等速直線運動の場合について，図で示すと図2-04のようになる．(a)⇔(b)⇔(c) のそれぞれとなり合う図は互いに微分・積分の関係になっていること，また，移動距離である $v_0 t$ は (b) 図において速度 v_0 と x 軸で囲まれる面積となっていることをよく理解してほしい．

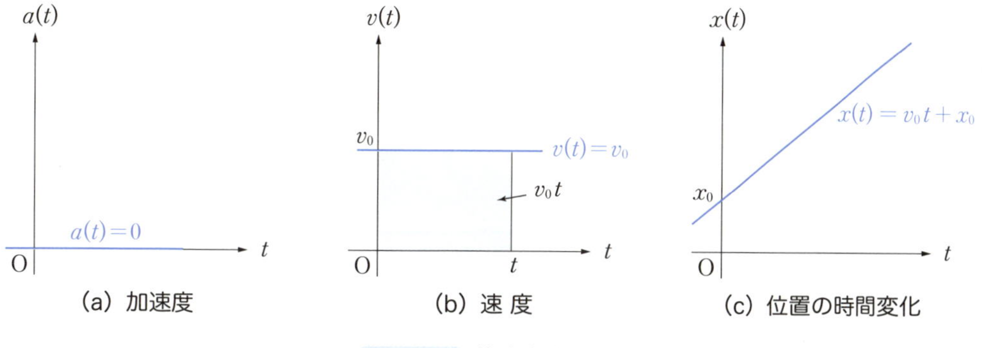

図2-04 等速直線運動

3 等加速度直線運動

ある一定の方向（x 軸）に沿って一定の加速度 a_0 で等加速度直線運動する物体の速度 $v(t)$ は，時間 t とともに一定の割合 a_0 で増加する．すなわち，

$$v(t) = a_0 t + v_0 \tag{2.7}$$

と表すことができる．v_0 は $t=0$ のときの物体の速度である．$t=0$ から $t=t$ までの移動距離は，図 2-05 (b) の青塗りの部分の面積（$\frac{1}{2}a_0 t^2 + v_0 t$）に等しい．

したがって，$t=0$ での位置が $x=x_0$ だとすると，t における物体の位置（x 座標）は，

$$x(t) = \frac{1}{2}a_0 t^2 + v_0 t + x_0 \tag{2.8}$$

と表される．ここでも，図 2-05 において，(a) ⇔ (b) ⇔ (c) のそれぞれとなり合う図は互いに微分・積分の関係になっていること，また，移動距離は (b) 図において速度 $v(t)$ と x 軸で囲まれる面積となっていることを再確認しよう．

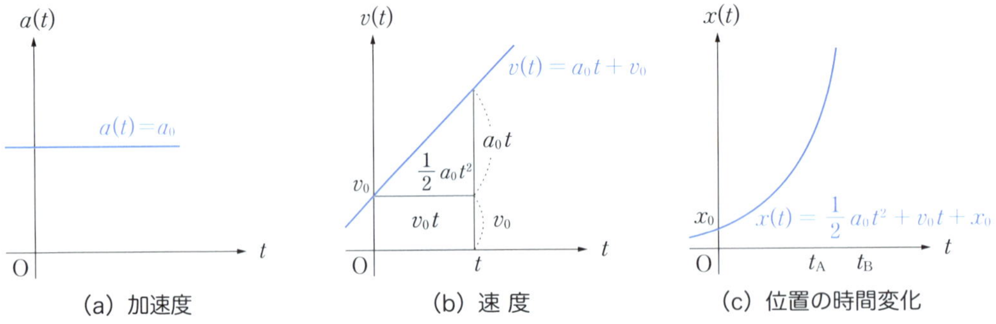

図 2－05　等加速度直線運動

3 ベクトルの概念による変位，速度，加速度

次に，ベクトルという概念を取り入れて質点の動きについて考えてみよう（図 2-06）．空間内に原点 O を定め，原点 O から任意の点 P に引いたベクトル $\boldsymbol{r}$ で点 P の位置を表現する．このときの $\boldsymbol{r}$ を**位置ベクトル**と呼ぶ．時間 t における質点の直交座標を $(x(t), y(t), z(t))$ とすると，位置ベクトルは，

$$\boldsymbol{r}(t) = (x(t), y(t), z(t)) \tag{2.9}$$

と表される（ベクトルの表記については，付録を参照）．

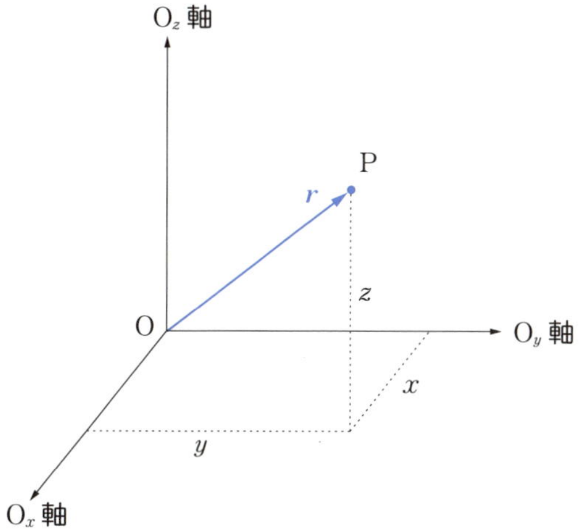

図 2-06　位置ベクトルと直交座標系

t に点 P $(\boldsymbol{r}(t))$ にあった物体が，$t+\Delta t$ には点 P′ $(\boldsymbol{r}(t+\Delta t))$ に移動したとする．この間に，物体の位置は $\boldsymbol{PP'}$，すなわち，

$$\begin{aligned}\Delta\boldsymbol{r} &= \boldsymbol{r}(t+\Delta t) - \boldsymbol{r}(t)\\ &= (x(t+\Delta t) - x(t), y(t+\Delta t) - y(t), z(t+\Delta t) - z(t))\\ &= (\Delta x, \Delta y, \Delta z)\end{aligned} \tag{2.10}$$

だけ変化する．点 P から点 P′ への物体の位置の変化を途中の経路に関係なく示すのが**変位** $\Delta\boldsymbol{r}$ である（図 2-07 (a)）．変位はベクトルであり，大きさと方向をもっている．

また，t における**速度** $\boldsymbol{v}(t)$ は，

$$\boldsymbol{v}(t) = \lim_{\Delta t\to 0}\frac{\Delta\boldsymbol{r}}{\Delta t} = \left(\frac{\mathrm{d}x}{\mathrm{d}t}, \frac{\mathrm{d}y}{\mathrm{d}t}, \frac{\mathrm{d}z}{\mathrm{d}t}\right) = (v_x(t), v_y(t), v_z(t)) = \frac{\mathrm{d}\boldsymbol{r}(t)}{\mathrm{d}t} \tag{2.11}$$

となる．速度 $\boldsymbol{v}(t)$ は t における $|\boldsymbol{v}(t)|$ を大きさとし，運動方向は，物体の運動の軌道の接線方向を向いている．

すなわち，速度とは「大きさ」と「向き」をもつベクトル量であり，速さは速度の大きさであり，それは実数（スカラー）である．

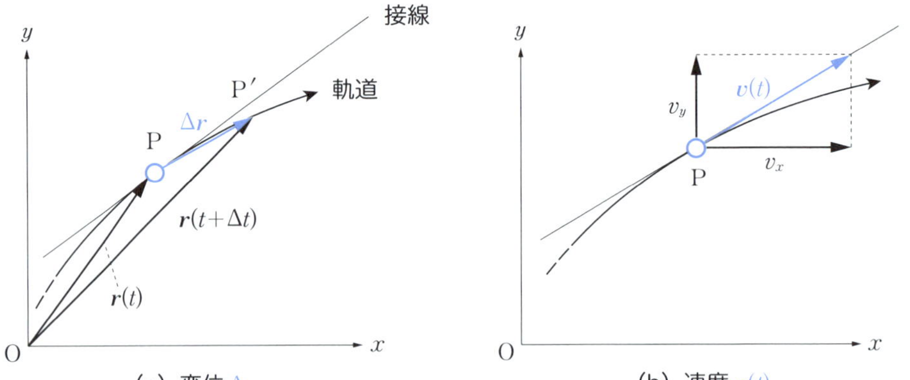

図 2－07　ベクトルによる変位と速度の表現

また，t における加速度 $\boldsymbol{a}(t)$ は，以下のように表される．

$$\begin{aligned}\boldsymbol{a}(t) &= \lim_{\Delta t \to 0}\frac{\Delta \boldsymbol{v}}{\Delta t} = \frac{\mathrm{d}\boldsymbol{v}(t)}{\mathrm{d}t} = \left(\frac{\mathrm{d}v_x(t)}{\mathrm{d}t}, \frac{\mathrm{d}v_y(t)}{\mathrm{d}t}, \frac{\mathrm{d}v_z(t)}{\mathrm{d}t}\right)\\ &= \left(\frac{\mathrm{d}^2x(t)}{\mathrm{d}t^2}, \frac{\mathrm{d}^2y(t)}{\mathrm{d}t^2}, \frac{\mathrm{d}^2z(t)}{\mathrm{d}t^2}\right) = (a_x(t), a_y(t), a_z(t)) = \frac{\mathrm{d}^2\boldsymbol{r}(t)}{\mathrm{d}t^2}\end{aligned} \quad (2.12)$$

速度の大きさ（速さ）が変化しなくても，速度の向き（運動の向き）が変化すれば（図 2-08），加速度 $\boldsymbol{a}(t)$ は 0 ではない．加速度もベクトル量である．

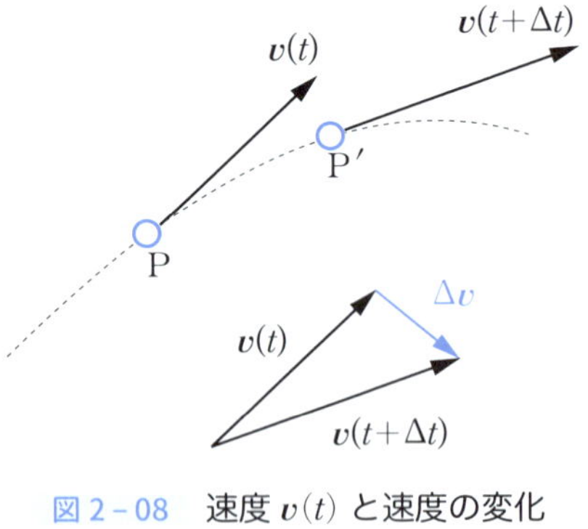

図 2－08　速度 $\boldsymbol{v}(t)$ と速度の変化

第2章 練習問題

2.1 次の5つの場合の平均の速さを，単位 [m/s] を用いて表せ.

(1) 徒歩で歩く人間 (1時間で 5 km 進む場合)

(2)1500 m を泳ぐ競泳選手 (15分で 1500 m 進む場合)

(3) オリンピックのマラソントップレベルの選手 (2時間5分で 42.195 km 進む場合)

(4) オリンピックの 100 m 走トップレベルの選手 (9.58 秒で 100 m 進む場合)

(5) 高速道路を走行するバス (90 km/h で進む場合)

2.2 東海道新幹線「のぞみ1号」は東京駅を午前6時00分に発車し，名古屋駅に午前7時34分に到着する．両駅間の距離は約 366 km である．のぞみ号の平均時速を求めよ．また，秒速ではいくらになるか.

2.3 フルマラソン (42.195 km) の大会があり，あるランナーは，前半 20 km を 5.4 m/s で，中盤 10 km を 5.0 m/s で，終盤を 5.2 m/s で走った．このランナーの走った距離を縦軸に，所要時間を横軸にとったグラフを書き，また，おおよその記録を求めよ.

2.4 時速 90 km/h で走っている自動車が急ブレーキをかけて5秒後に停車した．この間等加速度運動をしていたとすると，加速度はいくらか．またその間に自動車が進んだ距離 [m] はいくらか.

2.5 x 軸上を運動する点Pの時間 t [s] における位置が $x=t^4-4t^2$ で表される (x の単位は [m])．このとき $t=4$ s おけるPの速度および加速度を求めよ.

2.6 1次元的な運動をしている物体の位置 x と時間 t の関係が

$$\mathrm{x}=\alpha t^2+\beta t+\gamma$$

のように与えられている.

(1) t における速度を求めよ.

(2) 速度はいつ 0 になるか.

2.7 1次元的な運動をしている物体の位置 x と時間 t の関係が $x=ae^{bt}+ct$ で表されるとき，速度 $v=\dfrac{\mathrm{d}x}{\mathrm{d}t}$，と加速度 $a=\dfrac{\mathrm{d}^2x}{\mathrm{d}t^2}$ を求めよ.

2.8 放物線 ($y=x^2$) の上を運動する点がある．放物線の軸 ($x=0$) に垂直な方向 (x 軸) の速度成分が一定 (v) のとき，y 軸方向の速度と加速度を求めよ.

2.9 時間 t [s] における位置 (x, y) [m] が,

$$x = 2t,\ y = -2t^2 + 4t$$

のように与えられる物体の運動がある.

(1) 運動する物体が描く曲線の式を求め, $0 \leqq t \leqq 2.5$ における曲線をグラフに描け.

(2) $t = 0$, 1, 2 s における速度ベクトルを求め, (1) で得たグラフの曲線上の対応する点に記入せよ.

(3) この運動について加速度を求めよ.

第3章

力と運動

物体にはたらく力とその運動との間には，どのような関係があるのだろうか．古来よりさまざまな科学者が，この問題に取り組んできたが，17世紀になってニュートンが決定的な2つの法則を見出した．すなわち，「運動の法則」と「万有引力の法則」である．両者は宇宙全体の力と運動の関係を表すもので，これらを応用することによって，自動車，飛行機，人工衛星，高層建築物などあらゆるものが設計・製造され，かつ運動している．また，生物学や医学，農学等の分野で必要不可欠な電子顕微鏡，遠心分離器などの実験機器などもすべてニュートン力学を基盤とするものである．ニュートンが見出した法則（公理）はわずか数行の数式で表される単純明快なものであり，暗記する労力はわずかではあるが，その本質を理解するのは意外と難しい．

この章では，力学における重要な概念である質量と力について考え，ニュートン力学に対する理解を深めよう．

1 質量と力

まず，物理学として物事を扱う場合の，もっとも基礎的な量の1つである**質量**について確認しよう．質量とは，物体そのものの量のことであり，kg（キログラム）やt（トン）といった単位で表される．質量は，物体が地球上や宇宙のどこであっても変化しない．別の表現をすると，質量とは物質の動きにくさの度合い，つまり**慣性**の大きさのことである．

質量は国際単位系（SI）の基本7単位の1つであり，1889年（明治22年）にメートル条約による第1回国際度量衡総会でキログラム原器による定義（つまり，キログラムは質量の単位であって，単位の大きさは国際キログラム原器の質量に等しい）が承認されて以来そのままであったが，2018年になって，「光子のもつエネルギーと振動数の比例関係を表すプランク定数の値を$6.626\,070\,15 \times 10^{-34}$ J sと定めることによって定まる質量」がキログラムの定義となった．130年ぶりに定義が改定されたのである．

「力」という言葉は誰でも知っているが，今一度，物理学的な力の意味について確認しておこう．「物体を変形させるはたらきをするもの，あるいは，物体の運動の状態を変化させるはたらきをするもの」が，物理学的な力である．**張力**，**摩擦力**，弾性力などのように，物体に直接触れることによって効果を及ぼす力（**近接力**）と，**重力**，**電磁気力**，分子間力などのように，空間を隔てて作用する力（**遠隔力**）に分けられる．

物体にはたらく力を明確に表現するためには，力の大きさ，方向および力の作用点の3つ（力の3要素）を示す必要がある．図の中で力を示すには，図3-01のように矢印を用いる．このとき，

①矢印の長さは力の大きさに比例させる．

②矢印の方向（向き）は力の方向（向き）と一致させる．

③矢印の始点を力が加えられる点（力の作用点）と一致させる．

すなわち，力は，速度や加速度と同じように大きさと向きをもつベクトル量である．

また，物理学的な力は，後でも述べるように質量と加速度の積であるため，単位は$kg \cdot m/s^2$となり，SI単位ではこの力の単位をニュートン（N）と定めている．

これらの知見を踏まえて，ニュートンの運動の法則について概説する．

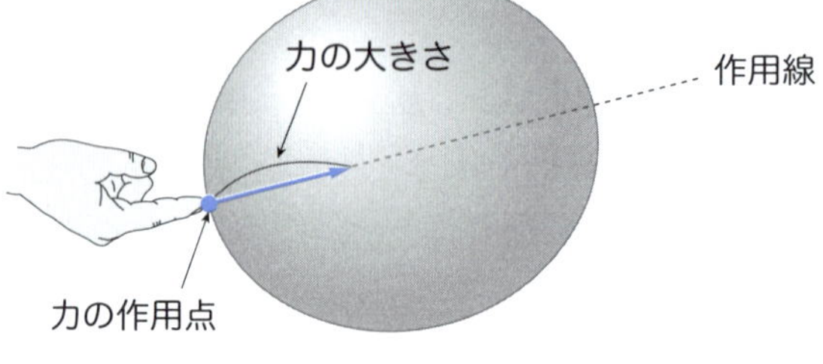

図3－01　力の大きさ，方向，作用点

2 ニュートンの運動の法則

1 運動の第１法則（慣性の法則）

走っているバスや電車が急停車したり，急発進したりすると，よろめいたり，倒れそうになった経験があるだろう．「１つの物体が外部から何の影響も受けない（力がはたらかない）とき，この物体は地面に対して，いつまでも静止の状態を続けるか，あるいは等速直線運動を行う．」これが**運動の第１法則**と呼ばれるもので，力がはたらかなければ，静止する物体は永久に静止の状態を続け，運動している物体は等速直線運動を続ける．

運動の現状を維持しようとする物体の性質を**慣性**と呼ぶ．運動の第１法則は**慣性の法則**とも呼ばれ，力学の出発点となっている．電車の発車時には，乗客は慣性によって静止しているが，電車の床が前方に動くために足がそれにつれて前方に動かされ，上体は留まろうとするからよろめくのである．逆に停車するときには，乗客は慣性によって電車と同じ速度で動き続けようとするが，電車の床と足は速度を落とすので乗客は前へ倒れそうになる．おもちゃの「だるま落とし」も同じ原理である．このようなことは，日常色々な場面で体験する．

慣性の法則がはたらき，電車に急ブレーキがかかると前のめりになる．
図 3－02　運動の第１法則（慣性の法則）

2 運動の第２法則と運動方程式

物体の運動状態が変化する，すなわち，物体の速度が変化するのは，物体に力が作用するためである．物体に力がはたらくとき，その質量 m と加速度 $\boldsymbol{a}$ と力 $\boldsymbol{F}$ との間には，

$$m\boldsymbol{a} = \boldsymbol{F} \tag{3.1}$$

の関係が存在する．したがって，力 $\boldsymbol{F}$ は大きさと方向をもったベクトル量であり，力の方向は加速度の方向と等しい．これを，時間 t の関数である位置ベクトル $\boldsymbol{r}(t)$ を用いて表現すると，

$$m\frac{\mathrm{d}^2\boldsymbol{r}(t)}{\mathrm{d}t^2} = \boldsymbol{F} \tag{3.2}$$

となる．直交座標系における力 $\boldsymbol{F}$ の x, y, z 成分をそれぞれ F_x, F_y, F_z とすれば，式(3.1)は，

$$m\frac{\mathrm{d}^2x(t)}{\mathrm{d}t^2}=F_x \quad , \quad m\frac{\mathrm{d}^2y(t)}{\mathrm{d}t^2}=F_y \quad , \quad m\frac{\mathrm{d}^2z(t)}{\mathrm{d}t^2}=F_z \tag{3.3}$$

と表現できる．式(3.1)または(3.2)を文章で表現すると，「物体に力がはたらくと加速度を生じるが，この場合の加速度と力および質量の関係は，加速度は力に比例し，質量に反比例する」ということになる．これを**運動の第2法則**という．

質量と加速度が既知であれば，式(3.1)は力の定義であると考えることができる．また，力が既知であれば，この関係式を使って物体の運動状態を定めることができる．このようなことから運動の第2法則に関する式(3.1)または式(3.2)を**運動方程式**と呼ぶ．

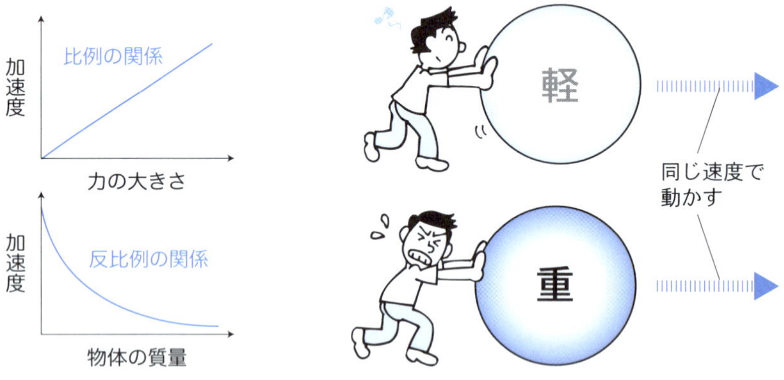

図3－03　運動の第2法則

はじめの時刻における位置と速度を与えれば運動方程式により運動が決定されるということである．すなわち，ある物体の任意の時刻における位置，速度，加速度など，物体の運動の様子を特定することができる．

運動方程式(3.1)がどのようにして誘導されるかについては，多くの経験的事実に基づくものであり，同式のように表現されねばならない論理的必然性は何もない．いい換えると，式(3.1)を根本的な法則(公理)から導き出してこれを証明することはできない．第1法則の場合と同様，直接または間接的に導かれる結論が経験的事実に矛盾しないこと(つまり，帰納的に説明できること)がこの法則の正しさを証明している．

力が既知である場合，運動方程式を用いて質点の位置ベクトル $\boldsymbol{r}$ を時間 t の関数として求めることができる．$t=t_0$ における質点の位置，

$$\boldsymbol{r}_0=\boldsymbol{r}(t_0) \tag{3.4}$$

および速度，

$$v_0=v\,(t_0)=\left(\frac{\mathrm{d}r(t)}{\mathrm{d}t}\right)_{t=t_0} \tag{3.5}$$

が与えられれば，$\boldsymbol{r}=\boldsymbol{r}(t)$ は一義的に定まる．すなわち，質点にはたらく力が位置の関数として表され，ある時刻における質点の位置と速度が与えられると，その後の質点の運動が予測できるということである．式(3.4)，(3.5)で与えられる条件を**初期条件**という．

3 運動の第3法則（作用・反作用の法則）

物体Aが物体Bに対して力を及ぼすとき，物体Bは物体Aに対して必ず大きさが同じで逆向きの力を及ぼす．これを**運動の第3法則**と呼ぶ．この法則は以下のように考えることができる．

壁を人間が押すと壁は人間を押し返すように，物体は互いに影響を及ぼし合う．また，1つの物体であっても，これを2つの部分に分けて考えてみると，2つの部分は互いに力を及ぼし合って1つにまとまっている．このように，2つの物体や2つの部分は互いに力を及ぼし合っているが，ほかからは何の力も受けていない．$\boldsymbol{F}_{\mathrm{ba}}$ を物体Bが物体Aに及ぼす力，$\boldsymbol{F}_{\mathrm{ab}}$ を物体AがBに及ぼす力とすると，

$$\boldsymbol{F}_{\mathrm{ba}}=-\boldsymbol{F}_{\mathrm{ab}} \tag{3.6}$$

となる．

力というものは単独に存在するものではなく，物体と物体の間にはたらく相互作用である（図3-05）．

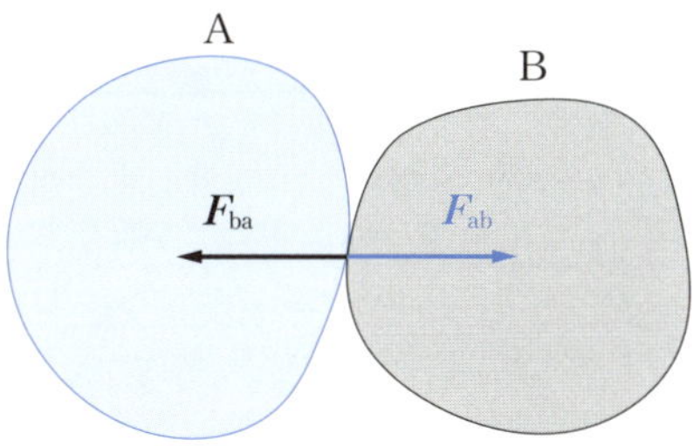

図3－04　作用・反作用の法則

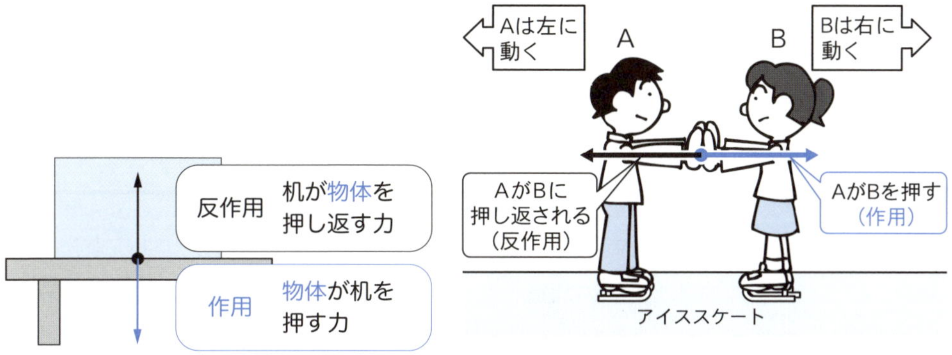

図3－05　作用・反作用の具体的な例

3 重 力

1 重力と万有引力

自然界にはいろいろな力が存在するが，ここでは，ニュートン力学と密接な関わり合いがある万有引力と重力について紹介する．ニュートンは，すべての物体の間には，「物体の質量の積に比例して，距離の2乗に反比例する引力がはたらく」と考えた．この引力は，すべての物体がもつ引力なので，**万有引力**という．2つの物体の質量を m [kg] および M [kg]，そして物体間の距離を r [m] とすると，万有引力 F [N] は以下の式で表される．

$$F = -\frac{GmM}{r^2} \tag{3.7}$$

引力であることを示すために負符号がついている．比例定数 G を重力定数という．G の測定は1798年にヘンリー・キャベンディッシュ（Henry Cavendish）が初めて行った．最新の測定値は，

$$G = 6.674 \times 10^{-11}\ [\mathrm{N \cdot m^2/kg^2}] \tag{3.8}$$

である．

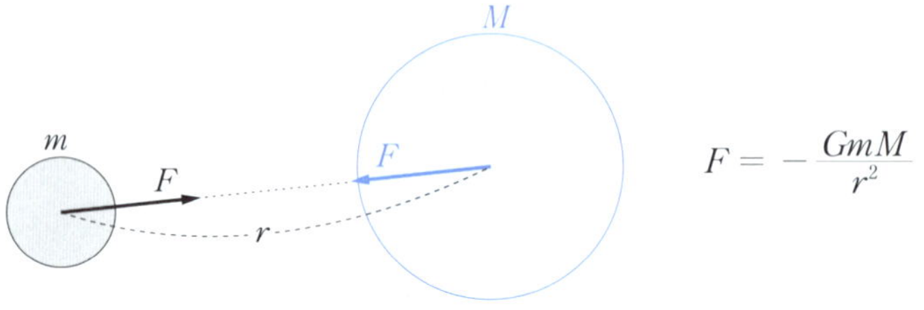

図3－06　万有引力

地球上の物体が地球から受ける引力のことを**重力**という．地球の中心から作用する万有引力と地球自転による遠心力との合力のことである．そのため，ある物体の重力は地球上の各地で異なる（標高や緯度によって，万有引力と遠心力が変動する）．しかしながら，地球の万有引力と比較すると，地上の物体にはたらく遠心力は，数百分の1程度のため，「地球の万有引力」＝「重力」と考えて差し支えない．

空中の物体が落下するのは，地球の重力が作用するためである．空気の抵抗が無視できる場合，すべての物体の落下運動の加速度は一定で，これを**重力加速度**と呼ぶ．一般的に重力加速度は g で与えられ，$g \fallingdotseq 9.8\ \mathrm{m/s^2}$ である．運動の第2法則を物体の落下運動に適用すると，質量 m の物体にはたらく重力 F は $F = mg$ [N] である．なお，単なる F の大きさのことを物理学的な意味での「**重さ**」と呼ぶ．

2 重力の加速度を考えた運動

(1) 落下運動，投げ上げ運動

地球表面の近くで，物体を静かに放すと鉛直下方に落ちる（まさに，リンゴが地上に落下する）．また鉛直上方あるいは任意の方向に投げだしても結局鉛直下方あるいは放物線状に落ちて，いずれの場合も下向きの速度が増加する．このような場合の物体の運動について考えてみよう．

図 3-07 のように，時間 $t=0$ に物体を O から静かに落すことを考えよう．速度を $v(t)$ とすれば，重力加速度が g であるから，

$$v(t)=gt \tag{3.9}$$

である．$v(t)$ と t との関係は，

t	0 s	1 s	2 s	3 s	4 s	……
$v(t)$	0 m/s	9.8 m/s	19.6 m/s	29.4 m/s	39.2 m/s	……

となる．

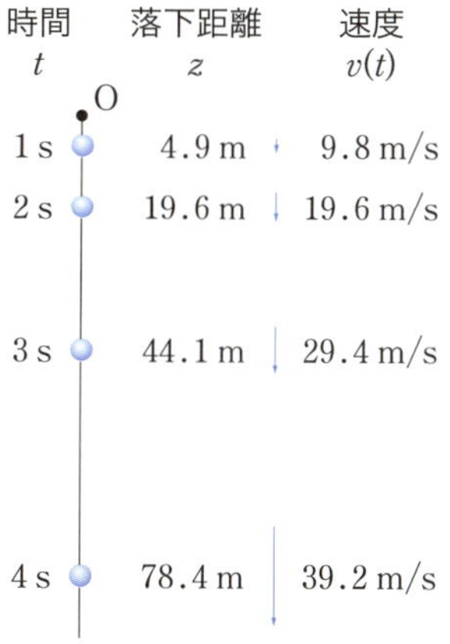

図 3－07　物体の落下運動

次に，t だけ時間が経ったとき，どれだけ落下したかを調べよう．静かに物体を落とすのだから，$t=0$ のとき $v(t)=0$ であり，その後一様に速度が増していき，t だけ時間が経って v になったとすると，その間の平均の速度は $v/2$ である．それゆえ，t だけ時間が経ったとき落下距離 z は，

$$z=\frac{v}{2}t \tag{3.10}$$

式 (3.9) と式 (3.10) より，

$$z=\frac{1}{2}gt^2 \tag{3.11}$$

第 3 章　力と運動

となる．したがって，t と z の関係は，

t	0	1 s	2 s	3 s	4 s	……
z	0	4.9 m	19.6 m	44.1 m	78.4 m	……

となる．

式(3.9)は時間と速度，式(3.10)は時間と位置の関係を示すものであるが，この両方の式から t を消去すれば，

$$z = \frac{v^2}{2g} \qquad \text{または} \qquad v^2 = 2gz \tag{3.12}$$

となり，速度と位置の関係を示す式となる．例えば 100 m 落下したときの速度は，

$$v = \sqrt{2gx} = \sqrt{2 \times 9.8 \times 100} = 44.2 \text{ m/s} \tag{3.13}$$

である．

次に，初速度 v_0 で鉛直に物体を投げ上げる場合を考えてみよう（図 3-08）．重力加速度（重力）の方向は，地球の中心に向かっているから負の加速度となる．したがって，投げ上げた直後から速度 $v(t)$ は一様に減っていき，

$$v(t) = v_0 - gt \tag{3.14}$$

で表される．時間 t が経過した後，速度が v になったとすると，その間の平均速度は，

$$\frac{v_0 + (v_0 - gt)}{2} = v_0 - \frac{1}{2}gt \tag{3.15}$$

である．すると，上昇距離 z は，

$$z = v_0 t - \frac{1}{2}gt^2 \tag{3.16}$$

となる．例えば，初速度 $v_0 = 29.4$ m/s で投げ上げたとき 0，1，2，3…，6 s の後の高さと速度とは図 3-08 のようになる．

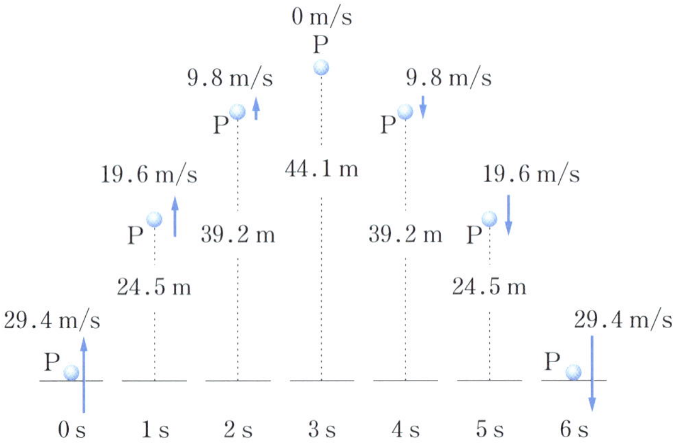

図 3－08　物体の投げ上げ運動

投げ上げた物体は上昇速度を減らしつつ，あるところで速度が0になり，それからは落下しはじめる．落下に転じる瞬間を考える．このとき $v=0$ となり，物体の高さは最高になる．このときの時間を t_1 とすると，式(3.14)で $v=0$ とおけば，t_1 が得られる．

$$t_1 = \frac{v_0}{g} \tag{3.17}$$

このときの高さ z_1 は，

$$z_1 = \frac{v_0^2}{2g} \tag{3.18}$$

となる．

次に，式(3.14)と式(3.16)を，運動方程式から数学的に導いてみよう．質量 m の物体に鉛直下向きの重力 mg が作用しているので，z 方向の運動方程式は，

$$m\frac{\mathrm{d}^2 z(t)}{\mathrm{d}t^2} = -mg \qquad \therefore \frac{\mathrm{d}^2 z(t)}{\mathrm{d}t^2} = \frac{\mathrm{d}v_z(t)}{\mathrm{d}t} = -g \tag{3.19}$$

となる．t で微分すると $-g$ になる関数は，$-gt+$ 定数 である．この定数を C とすると，式(3.19)の右側の式の解は，

$$v_z(t) = -gt + C \qquad (C\text{は任意定数}) \tag{3.20}$$

である．$t=0$ で $v_z(0)=v_0$ なので，式(3.20)で $t=0$ とおくと，$C=v_0$ であることがわかる．したがって，

$$v_z(t) = -gt + v_0 \tag{3.21}$$

が導かれた．

次に，いま導いた式(3.21)，すなわち，

$$v_z(t) = \frac{\mathrm{d}z(t)}{\mathrm{d}t} = -gt + v_0 \tag{3.22}$$

を解いてみよう．t で微分すれば $-gt+v_0$ になる関数は $-(1/2)gt^2+v_0t+$ 定数である．そこで任意定数を z_0 とおくと，式(3.22)の解は，

$$z(t) = -\frac{1}{2}gt^2 + v_0 t + z_0 \tag{3.23}$$

となる．式(3.23)で $t=0$ とおくと，$z(0)=z_0$ となる．すなわち，定数 z_0 は $t=0$ での物体の z 座標である．この場合 $z(0)=0$ と決めたので，$z_0=0$ となり，物体の z 座標は，

$$z(t) = -\frac{1}{2}gt^2 + v_0 t \tag{3.24}$$

となる．

このようにして，運動方程式と $t=0$ での v_z と z との値から式(3.14)と式(3.16)を導くことができた．

(2) 放物運動

次に，任意の方向に投げ出された物体の運動を考えてみよう．時間 $t=0$ に，質量 m の物体を，水平面との角度 θ の方向に，初速度の大きさが v_0 で投げ上げる．$t=0$ における物体の位置を原点O，鉛直上方を $+z$ 方向，水平方向（右方向）を $+x$ 方向とし，xz 座標平面内での運動を考える．初期条件として，$t=0$ での物体の位置 $r_0=(x_0,\ z_0)$ と速度 $v_0=(v_{0x},v_{0z})$ を以下のように与える（図 3-09）．

$$x_0=0, \qquad z_0=0 \tag{3.25}$$

$$v_{0x}=v_0\cos\theta, \qquad v_{0z}=v_0\sin\theta \tag{3.26}$$

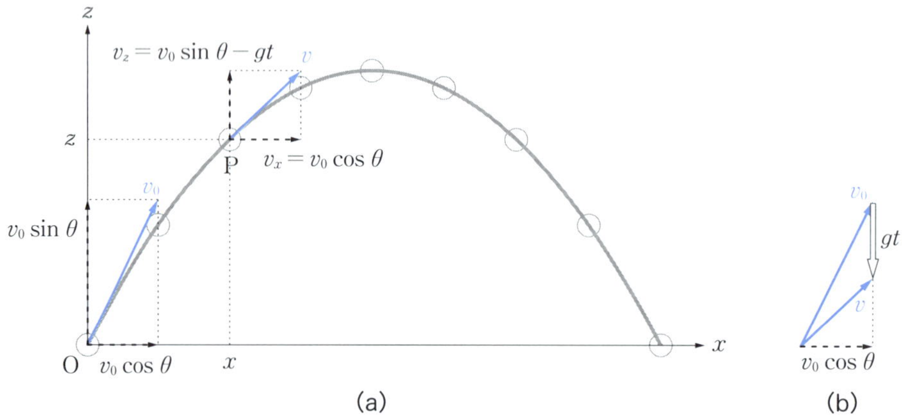

図 3－09　放物運動

運動方程式を立てるには，注目している物体にはたらくすべての力を考えなければならない．この場合，はたらく力は鉛直下方に向かう重力 mg のみである．力の成分は，

$$F_x=0, \qquad F_z=-mg \tag{3.27}$$

である．これより運動方程式は，

$$m\frac{\mathrm{d}^2x(t)}{\mathrm{d}t^2}=0, \quad m\frac{\mathrm{d}^2z(t)}{\mathrm{d}t^2}=-mg \tag{3.28}$$

となる．

したがって，水平方向に等速度運動，z 方向に加速度 $-g$ の等加速度運動をする．
式(3.28)から，

$$\frac{\mathrm{d}^2x(t)}{\mathrm{d}t^2}=0, \quad \frac{\mathrm{d}^2z(t)}{\mathrm{d}t^2}=-g \tag{3.29}$$

運動方程式(3.29)を時間 t で積分すると，

$$\frac{\mathrm{d}x(t)}{\mathrm{d}t}=C_1, \quad \frac{\mathrm{d}z(t)}{\mathrm{d}t}=-gt+C_2 \tag{3.30}$$

ただし C_1，C_2 は積分定数である．$t=0$ のときの初期条件は，

$$v_x(0)=v_0\cos\theta, \quad v_z(0)=v_0\sin\theta \tag{3.31}$$

したがって，式 (3.30) より，次のように積分定数がきまる．

$$C_1 = v_0 \cos\theta, \quad C_2 = v_0 \sin\theta \tag{3.32}$$

$$\frac{\mathrm{d}x(t)}{\mathrm{d}t} = v_0 \cos\theta, \quad \frac{\mathrm{d}z(t)}{\mathrm{d}t} = -gt + v_0 \sin\theta \tag{3.33}$$

もう一度 t で積分すると，

$$x(t) = v_0 \cos\theta \cdot t + C_3, \quad z(t) = -\frac{1}{2}gt^2 + v_0 \sin\theta \cdot t + C_4 \tag{3.34}$$

$t=0$ のとき，$x=0$，$z=0$，したがって $C_3=0$，$C_4=0$ である．よって，この物体の時間 t における位置と速度は，

$$x(t) = v_0 \cos\theta \cdot t, \quad z(t) = -\frac{1}{2}gt^2 + v_0 \sin\theta \cdot t \tag{3.35}$$

$$v_x(t) = v_0 \cos\theta, \quad v_z(t) = -gt + v_0 \sin\theta \tag{3.36}$$

これで式 (3.28) の運動方程式は完全に解け，図 3-09 の質点の座標 (x, z) が時間 t の関数として表された．放物運動は鉛直方向の等加速度運動と水平方向の等速運動を重ね合わせたものであることが理解できよう．

さて，ここで，式 (3.35) より時間 t を消去すれば，質点の軌道が得られる．

$$z = -\frac{1}{2}\frac{gx^2}{v_0^2\cos^2\theta} + x\tan\theta = \frac{v_0^2\sin^2\theta}{2g} - \frac{g}{2v_0^2\cos^2\theta}\left(x - \frac{v_0^2\sin 2\theta}{2g}\right)^2 \tag{3.37}$$

これは，図 3-10 における

$$(x_\mathrm{B}, z_\mathrm{B}) = \left(\frac{v_0^2\sin 2\theta}{2g}, \frac{v_0^2\sin^2\theta}{2g}\right) \tag{3.38}$$

を頂点とし，鉛直線を軸とする放物線である．上昇した物体が落下して最初の高さ ($z=0$) になる場所は，式 (3.37) で $z=0$ とおいた式の 2 つの解のうち，$x=0$ ではないほうの

$$x = \frac{2v_0^2}{g}\sin\theta\cos\theta = \frac{v_0^2}{g}\sin 2\theta \tag{3.39}$$

である (図 3-10 における R)．

初速度 v_0 で投げる場合，いちばん遠くまで届くのは $\sin 2\theta = 1$ の $\theta = 45°$ の場合で，その距離は，

$$x = \frac{v_0^2}{g} \tag{3.40}$$

である．ただし，空気の抵抗は無視している．

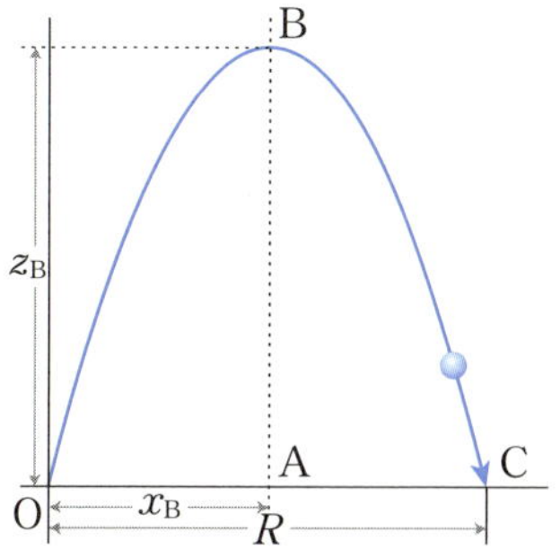

図 3-10　放物運動における質点の軌道

4 摩擦力

1 物体が静止している場合の摩擦力

水平な机の上にある物体を水平方向に力Pで押してみよう（図3-11）．物体が静止している間は，Pと同じ大きさで逆向きの水平力fがはたらき，2つの水平力Pとfはつり合っている．この水平力fを**静止摩擦力**という．すなわちPとfの間には次のような関係が成立している．

$$P + f = 0 \tag{3.41}$$

また，物体が静止状態を保っているときは，常に鉛直下方に重力Wを受けており，このような静止状態を保つためには，机が物体を押し返すような鉛直上方に向かう大きさWの力が物体にはたらいていなければならない．このような机が物体に及ぼす力のことを**垂直抗力**または**法線力**といい，これをF_Nで表すと次式のような関係が成立する．

$$W + F_N = 0 \tag{3.42}$$

Pを大きくしていき，やがてPがある値を越えると物体は動きはじめる．このことは静止摩擦力がある限界以上には大きくならないことを意味している．この限界値のことを**最大摩擦力**と呼ぶ．実験によれば，最大摩擦力Fは物体が受ける垂直抗力の法線成分に比例する．すなわち，

$$F = \mu F_N \tag{3.43}$$

ここでμを**静止摩擦係数**という．μは接している2つの物体の種類や表面の性質，状態によって変わるが，接触面積の大小とは無関係である．物体が動かない間，摩擦力fは，

$$f \leqq F = \mu F_N \tag{3.44}$$

の条件を満たす，Pに等しい力である．

次に，板（机）を水平から少し傾けてみよう（図3-12）．角度αが小さいと物体は動かない．このとき板が物体に及ぼす抗力F_Rは，重力Wとつり合っているが，面に垂直ではない．F_Rを面に垂直な方向と平行な方向に分解して，それぞれ垂直抗力F_Nと摩擦力fに分解すると，

$$F_N = W\cos\alpha, \quad f = W\sin\alpha \tag{3.45}$$

となる．αを大きくしていくとfの値も大きくなるが，最大摩擦力以下では物体は動かない．しかし，αがある値λに達すると，物体は動き出す．

$\alpha = \lambda$のとき，$f = F$とすると，式(3.43)と(3.45)を用いて，

$$F = W\sin\lambda = \mu W\cos\lambda, \quad \mu = \tan\lambda \tag{3.46}$$

このλを**摩擦角**という．摩擦角λを測定すれば静止摩擦係数μの値を知ることができる．

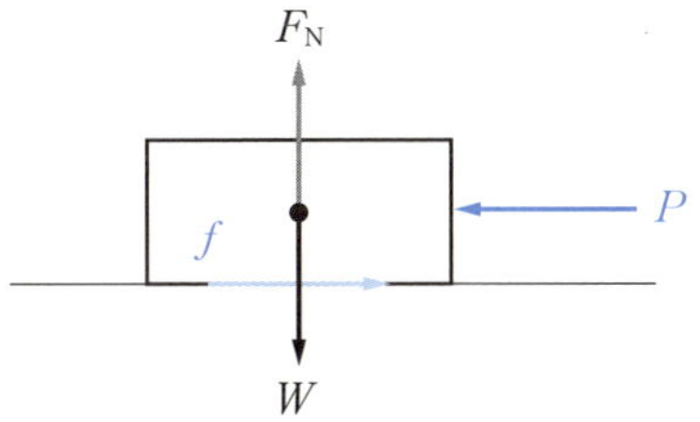

図 3-11　物体にはたらく摩擦力

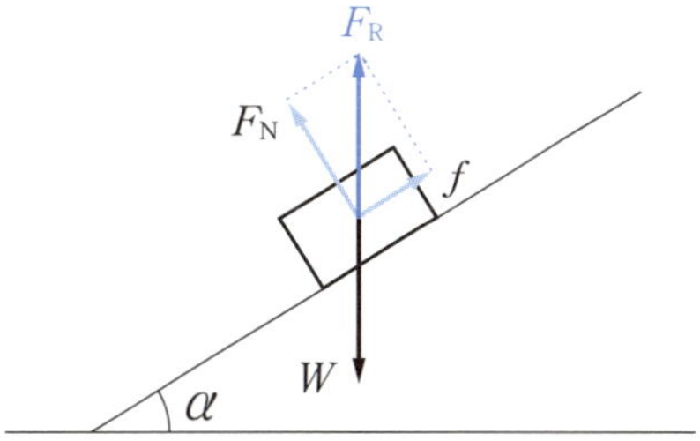

図 3-12　斜面上の物体にはたらく摩擦力

2 物体が動いている場合の摩擦力

これまでは，物体が静止している場合の摩擦力について述べたが，物体が面上を動いている場合にも摩擦力ははたらいている．すなわち，平滑でない面の上を滑り動く物体にも，物体の運動とは逆向きの力が面からはたらき，物体の運動を妨げる．このときの摩擦力 f' も垂直抗力 F_N に比例し，

$$f' = \mu' F_N \tag{3.47}$$

の関係が成り立つ．μ' を**動摩擦係数**と呼び，接触する2つの物体の種類や表面の性質，状態によって値が定まり，接触面積の大小と動摩擦係数は無関係である．

一般に，

$$\mu' < \mu \tag{3.48}$$

である．

一見，滑らかに見える面同士が接触している場合にも摩擦は生じる．摩擦は複雑な現象であるが，接触面の微視的な凹凸と分子間力に原因する．凹凸があれば，物体が擦れ合うときに凹凸がぶつかるので，運動が妨げられる．また，物体の接点では両方の分子が接近するため分子間の引力がはたらき，運動を妨げる．物体同士の間に潤滑油などを入れると，物体同士が直接接触しなくなるので，摩擦力が軽減される．表 3-01 にいくつかの固体の摩擦係数を示す．摩擦係数を用いてその現象を表現することは便宜的かつ近似的なものである．

表 3-01　摩擦係数

I	II	静止摩擦係数		動摩擦係数	
		乾燥	塗油	乾燥	塗油
鋼鉄	鋼鉄	0.7	0.05 ～ 0.1	0.5	0.03 ～ 0.1
鋼鉄	鉛	0.95	0.5	0.95	0.3
アルミニウム	アルミニウム	1.05	0.30	1.4	—
ガラス	ガラス	0.94	0.35	0.4	0.09
テフロン	テフロン	0.04	—	0.04	—
テフロン	鋼鉄	0.04	—	0.04	—

固体 I が固体 II の上で静止または運動する場合

5 運動量と力積

同じ速さで動いている鉄球とテニスボールの運動を区別するものは，物体の質量である．

1 運動量

同じ速度で運動している物体でも，それを受けとめたときの衝撃は，質量の大きなものほど大きい（図 3-13）．そこで運動の勢いを表す量として，質量と速度の積で，

$$\boldsymbol{p} = m\boldsymbol{v} \tag{3.49}$$

というベクトルを考え，これを運動量と呼ぶ．ここで，$\boldsymbol{p}$ を時間で微分してみよう．すると，

$$\frac{\mathrm{d}\boldsymbol{p}}{\mathrm{d}t} = \frac{\mathrm{d}}{\mathrm{d}t}(m\boldsymbol{v}) = m\frac{\mathrm{d}\boldsymbol{v}}{\mathrm{d}t} = m\boldsymbol{a} = \boldsymbol{F} \tag{3.50}$$

となる．したがって，ニュートンの運動方程式 $m\boldsymbol{a} = \boldsymbol{F}$ は，

$$\frac{\mathrm{d}\boldsymbol{p}}{\mathrm{d}t} = \boldsymbol{F} \tag{3.51}$$

と表すことができる．これは，力によって物体の運動量が変化することを示している．

この式は，質量が大きいほど，また速度変化が大きいほど，また運動量変化時間が短いほど，力が大きいことを意味している．つまり，運動量変化時間を長くすると力を小さくすることができる．飛び降りる際に足を曲げるのは，衝撃力を和らげるためである．

図 3-13　ボールが当たったときの衝撃

2 力積と運動量の変化

式 (3.51) を微小な時間 Δt とその間に生じる運動量の変化 $\Delta \boldsymbol{p}$ の間の関係としてみると,

$$\Delta \boldsymbol{p} = \boldsymbol{F}\Delta t \tag{3.52}$$

となる. 時間 t_1 から t_2 までの間に生じる運動量の変化を求めるには, この微小変化を t_1 から t_2 まで積算すればよい. すると, 以下のような積分形式が考えられる.

$$\int_{t_1}^{t_2} \frac{\mathrm{d}\boldsymbol{p}}{\mathrm{d}t}\mathrm{d}t = \boldsymbol{p}(t_2) - \boldsymbol{p}(t_1) = \int_{t_1}^{t_2} \boldsymbol{F}(t)\mathrm{d}t \tag{3.53}$$

この式の右辺の積分を t_1 から t_2 までの**力積**という. 物体の運動量の変化は, その間に加わった力積に等しい. 大きな力でも, 短時間加わるだけではその効果は小さく, 小さな力でも, 長時間であれば効果は大きい. 力積は力が物体の運動に及ぼす効果の大きさを表す量である.

3 運動量保存の法則

ここで, 運動の第 3 法則について再び考えてみよう. 例えば, 2 つの磁石が引き合ったり, 2 つの物体がぶつかったりする場合, 物体は互いに影響を及ぼし合う. また, 1 つの物体であっても, これを 2 つの部分に分けて考えてみると, 2 つの部分は互いに力を及ぼし合って 1 つにまとまっている. このように, 2 つの物体や 2 つの部分は互いに力を及ぼし合っているが, ほかからは何の力も受けていない状態を考えてみる. このときの 2 つの物体に関する運動方程式は,

$$m_{\mathrm{a}} \frac{\mathrm{d}\boldsymbol{v}_{\mathrm{a}}}{\mathrm{d}t} = \boldsymbol{F}_{\mathrm{ba}} \tag{3.54}$$

$$m_{\mathrm{b}} \frac{\mathrm{d}\boldsymbol{v}_{\mathrm{b}}}{\mathrm{d}t} = \boldsymbol{F}_{\mathrm{ab}} \tag{3.55}$$

と書ける. ここで, m_{a}, m_{b} と $\boldsymbol{v}_{\mathrm{a}}$, $\boldsymbol{v}_{\mathrm{b}}$ はそれぞれ 2 つの物体の質量と速度である.

2 つの物体が互いに力を及ぼし合う場合, あるいは 2 つの物体がぶつかる場合, ほかから何も力を受けなければ, 2 つの物体の運動量の和は変わらない. 例えば, 2 つの物体がぶつかった後の速度をそれぞれ $\boldsymbol{v}_{\mathrm{a}}'$, $\boldsymbol{v}_{\mathrm{b}}'$ とすると,

$$m_{\mathrm{a}}\boldsymbol{v}_{\mathrm{a}} + m_{\mathrm{b}}\boldsymbol{v}_{\mathrm{b}} = m_{\mathrm{a}}\boldsymbol{v}_{\mathrm{a}}' + m_{\mathrm{b}}\boldsymbol{v}_{\mathrm{b}}' = \text{一定} \tag{3.56}$$

であり, これを**運動量保存の法則**という. したがって, $m_{\mathrm{a}}\boldsymbol{v}_{\mathrm{a}} + m_{\mathrm{b}}\boldsymbol{v}_{\mathrm{b}} =$ 一定である. 両辺を t で微分すると,

$$m_{\mathrm{a}} \frac{\mathrm{d}\boldsymbol{v}_{\mathrm{a}}}{\mathrm{d}t} + m_{\mathrm{b}} \frac{\mathrm{d}\boldsymbol{v}_{\mathrm{b}}}{\mathrm{d}t} = \boldsymbol{0} \tag{3.57}$$

となる. したがって, 式 (3.54), (3.55), (3.57) から, 式 (3.6) でなければならないことがわかる. 運動の第 3 法則は, 多数の物体間についても成立する.

4 質点同士の衝突と運動量保存則

x 軸上を，質点1，質点2がそれぞれ速度 v_1，v_2 で運動している（質点が右方向に動くとき，速度を正とする）．ある時刻に両者が衝突し，その後速度がそれぞれ $v_1{}'$，$v_2{}'$ となったとする．また，これらの質点に外力は作用していないものとする．質点同士が衝突（接触）する条件は $v_1 > v_2$ であり，衝突後，離れていく条件は $v_1{}' < v_2{}'$ である（図 3-14）．

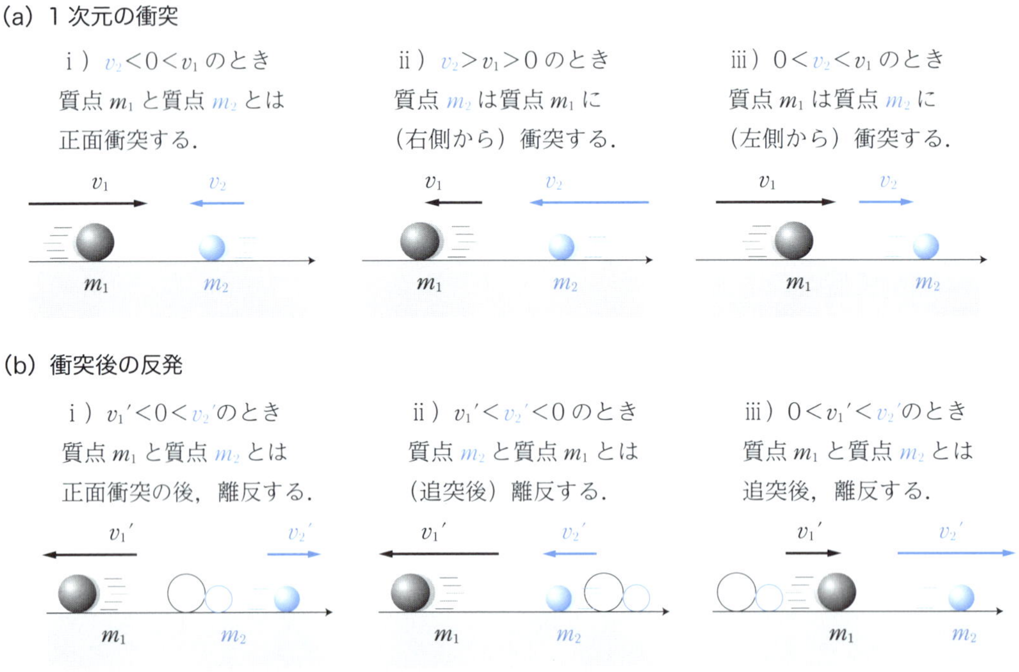
(a) 1次元の衝突
i）$v_2<0<v_1$ のとき
質点 m_1 と質点 m_2 とは
正面衝突する．
ii）$v_2>v_1>0$ のとき
質点 m_2 は質点 m_1 に
（右側から）衝突する．
iii）$0<v_2<v_1$ のとき
質点 m_1 は質点 m_2 に
（左側から）衝突する．
v_1
v_2
m_1
m_2
(b) 衝突後の反発
i）$v_1{}'<0<v_2{}'$ のとき
質点 m_1 と質点 m_2 とは
正面衝突の後，離反する．
ii）$v_1{}'<v_2{}'<0$ のとき
質点 m_2 と質点 m_1 とは
（追突後）離反する．
iii）$0<v_1{}'<v_2{}'$ のとき
質点 m_1 と質点 m_2 とは
追突後，離反する．
$v_1{}'$
$v_2{}'$
m_1
m_2

図 3-14　質点同士の衝突・離反のパターン

衝突する場合は，正面衝突，追突を問わず $v_1 > v_2$ となっている（a）が，
衝突後，離反する場合は $v_1{}' < v_2{}'$ となる．

この2質点系にも運動量保存則が適用され，$m_1 v_1 + m_2 v_2 = m_1 v_1{}' + m_2 v_2{}'$ を得るが，これを変形すると，

$$m_1(v_1 - v_1{}') = -m_2(v_2 - v_2{}') \tag{3.58}$$

となる．衝突の前後で，運動エネルギー（第4章参照）は変わらないかあるいは減少するので，

$$\frac{1}{2}m_1 v_1^2 + \frac{1}{2}m_2 v_2^2 \geq \frac{1}{2}m_1 v'^2_1 + \frac{1}{2}m_2 v'^2_2 \tag{3.59}$$

となり，このことから，

$$m_1(v_1 - v_1{}')(v_1 + v_1{}') \geq -m_2(v_2 - v_2{}')(v_2 + v_2{}') \tag{3.60}$$

という関係が導かれる．等号が成立するのは，衝突の前後で運動エネルギーが変わらない場合であり，このとき2質点同士の衝突は完全弾性衝突であるという．

衝突前に質点1が右へ進もうと（$v_1>0$），あるいは左へ進もうと（$v_1<0$），必ず $v_1>v_1'$ である．これより，式(3.58)から $v_2<v_2'$ が導かれる．式(3.58)および式(3.60)から，$v_1+v_1' \geq v_2+v_2'$ であるが，これを変形して，

$$v_1-v_2 \geq v_2'-v_1' \tag{3.61}$$

という不等式を得る．すなわち，衝突前の質点2に対する質点1の相対速度は，衝突後の質点1に対する質点2の相対速度よりも大きい．ここで，

$$0 \leq \frac{v_2'-v_1'}{v_1-v_2}=e \leq 1 \tag{3.62}$$

e は衝突後の2質点の相対速度の衝突前の相対速度に対する比であり，反発係数と呼ぶ．$e=1$ のときを**完全弾性衝突**，$e=0$ のときを**完全非弾性衝突**と呼び，後者では両質点は衝突によって一体となって（$v_2'=v_1'$）運動する．

第3章 練習問題

3.1 運動の第2法則によれば，物体に加速度を生じさせるのは，その物体に外から作用する力である．では，(1) 水平なレール上で発車する電車，(2) 垂直上昇しているロケットの場合に，これらを加速させている力は何か．

3.2 速さ 40 km/h で直線運動している質量 1000 kg の物体がある．この物体を3秒以内に止めるためには，どれほどの力が必要か．一方，20 m 以内に止めるには，どれほどの力が必要か．

3.3 直線状を運動する質量 m の物体に一定の力 F がはたらいている．物体は $t=0$ の瞬間，原点に静止していた．その後の物体の運動を求めよ．

3.4 質量 $m=10$ kg の物体が一定の力 F を受けて，x 軸上を運動している．

(1) x 方向に $F=40$ N の力がはたらく場合の加速度 a を求めよ．

(2) x 方向に $F=20$ N の力がはたらく場合，$t=0$ s に原点に静止していたとき，$t=5$ s における位置 x と速度 v を求めよ

(3) x 方向に $F=-20$ N の力がはたらき $t=0$ s での位置が $x_0=0$ m，速度 $v_0=20$ m/s であった．物体が止まるまでの時間 t と止まるまでの移動距離 x を求めよ．

(4) $t=0$ での初速度 $v_0=40$ m/s で $t=5$ s における速度が $v_0=15$ m/s であった物体に作用した力を求めよ．

3.5　図のように質量 m_1 の物体Aと質量 m_2 の物体Bをひもでつなぎ，ひもを滑車にかけて，Aは摩擦の無い傾斜角 α の斜面の上に置き，Bをつり上げた．斜面は固定されているものとする．

(1) ひもの張力を T として，物体A，Bの運動方程式を導け．

(2) ひもの張力および物体に生じる加速度を求めよ．なおひもと滑車の質量は無視できるものとする．

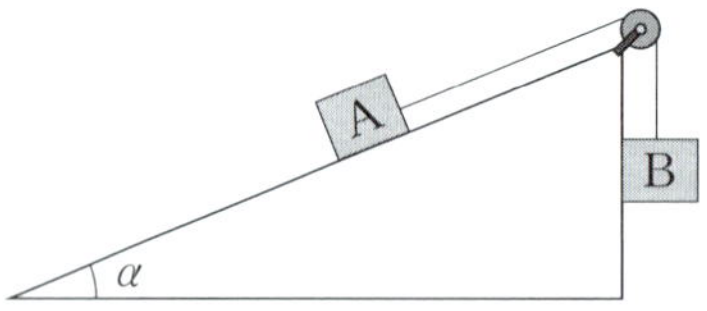

3.6　機関車と n 両の客車からなる列車が直線上を走っている．機関車の駆動力(客車を引っ張る力)を F，質量を M，各客車の質量を m とする．

(1) 列車の加速度を求めよ．

(2) $k\,(<n)$ 両目と $(k+1)$ 両目の客車の間の連結器にはたらく力 S を求めよ．

3.7　全質量 M の気球が加速度 a で下降している．これを加速度 A で上昇させるにはどれだけの質量の砂袋を捨てる必要があるか．ただし，気球が受ける浮力 (f) は一定とする．

3.8　40 m の高さから小石を真下に向けて投げたところ，小石は 2.5 秒後に地上に達した．小石の初速はいくらであったか．また 40 m の高さから同じ初速で真上に投げたとすると，小石は何秒後に地上に達するか．

3.9　平らなグラウンドでゴルフボールを初速 31 m/s で打ったところ，2.5 秒後に最高点に達し，5 秒後に着地した．最高点に達した時の速さは 19 m/s であった．抵抗は無視できるものとする．

(1) ゴルフボールの水平到達距離はいくらか．

(2) ボールが達した最高点の高さはいくらか．

3.10　図のように2枚の金属板を平行におき，電池をつないでそれぞれの金属板を正負に帯電させ，電場 E を作った．そこへ，$-e$ の電荷を帯びた電子(質量 m)が速さ v_0 で両板に平行に飛んできた．金属板の間では電子に一定の力 eE がはたらく．電子が金属板の間を ℓ だけ進んだとき，はじめの位置からのずれはどれほどか．また，そのときの運動の方向は．

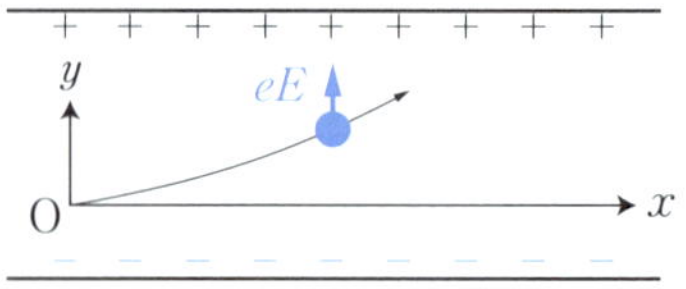

3.11　ボールを斜め上方に投げたとき，ボールの到達距離が L，飛行時間が t であったとする．このときのボールの初速 (v_0) と投げ上げ角度 (θ) を求めよ．

3.12　図に示すように，点 O から水平と角 θ を成す方向に，初速度 v で砲弾を打ち上げる．水平方向に x 軸，鉛直上向きに y 軸をとり，重力加速度を g とする．以下の問いに答えよ．なお空気抵抗は無視できるものとする．

(1) 座標 (x, y) で指定されている点 A を通過するときの打ち上げ角 $\theta(\tan\theta)$ を求めよ．

(2) 砲弾の届く範囲 (x, y) を求めよ．

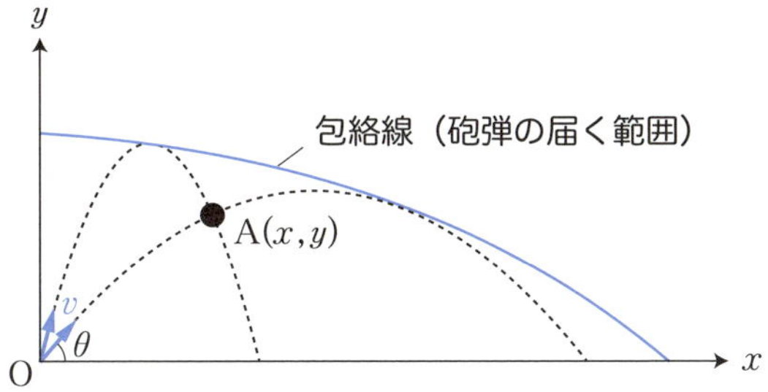

3.13　床の上に質量 100 kg の物体が置かれている．物体の床の間の静止摩擦係数は 0.62，動摩擦係数は 0.48 である．物体を押して等速で動かすには，どれだけの力を加えればよいか．

3.14　物体を平板にのせ，この板を次第に傾けていったところ傾きが 30° になったときにすべりだし，2.0 秒かかって 2.8 m すべり降りた．物体と板との静止摩擦係数 μ および動摩擦係数 μ' を求めよ．重力加速度は 9.8 m/s^2 とする．

3.15　高い台の上から地面に飛び降りるときに，足を曲げながら着地すれば衝撃が弱まる理由を説明せよ．

3.16　投手が投げた時速 150 km/h のボール（質量 150 g）を打者が打ち返し，ボールが同じ速さで逆向きに飛んで行ったとき，バットがボールに与えた力積はいくらか．

3.17　静止している質量 M の物体に質量 m の弾丸が速度 v で飛んできて突き刺さった．物体が動き出す速度 v' を求めよ．

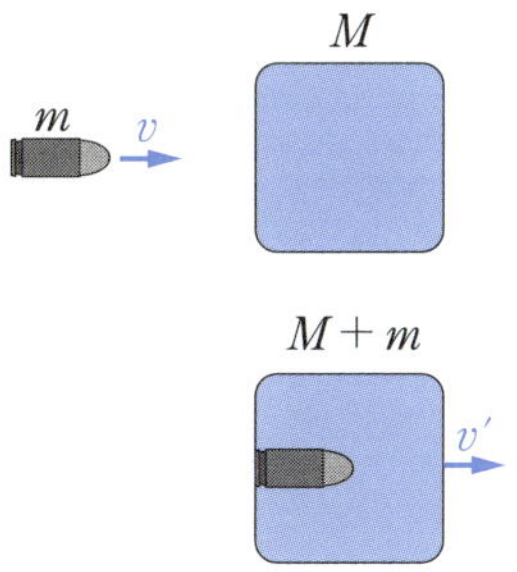

第3章 力と運動

3.18 質量 $m_1 = 3$ kg の物体Aが速度 $v_1 = 5$ m/s で動いており，質量 $m_2 = 4$ kg の物体Bに衝突する．物体Bは初め静止しているものとする．衝突後，物体Aと物体Bの速度を求めよ．なお，反発係数 $e = 0.7$ である．

3.19 長さ d [m] のベルトコンベアが一定速度 v [m/s] で土砂を運んでいる．このベルトコンベアによって，土砂を高さ h [m] まで持ち上げるとき，運ばれる土砂の質量流量は m [kg/s] であるとする．また，ベルトコンベア上の土砂の運動量が時間とともに一定であり，力 f は重力の影響を受けて土砂を持ち上げる方向にのみ作用するとする．さらに，傾斜角 θ は $\sin\theta = \frac{h}{d}$ で表されるものとする．このとき，土砂を持ち上げるのに必要な力 f [N] を求めよ．

3.20 友人2人が東山動植物園の池でボートに乗っている．

(1) 静止した2そうのボートに1人ずつ乗り，2人でキャッチボールを始めた．このとき起こる現象を考えよ．

(2) また静止した1そうのボートに2人が乗っている場合，キャッチボールを始めるとどうなるか．

第4章
仕事とエネルギー

エネルギーは，あらゆる科学の分野をつなぐもっとも基本的な概念であり，これと物理学的な意味での仕事は密接な関係をもつ．エネルギーの概念は農学においても重要な役割を果たしている．たとえば，農業機械や食品加工機械の効率的な運用や，灌漑における水の動力エネルギーの利用にも，物理学的なエネルギーの理解が欠かせない．

この章では，力学的エネルギーの話題を中心として，抽象的な概念から我々の身のまわりにあるエネルギー諸問題まで幅広く紹介する．エネルギーの概念を深く理解することは，農学の諸課題を解決する上でも極めて重要であり，この章で学ぶ内容がその基盤となる．

1 物理学的な意味での仕事とエネルギー

「仕事」という言葉から，皆さんは何をイメージするだろうか．日常生活では，「はたらくこと，職務，職業，すること，やったこと」のように，体や頭脳を活かして何らかの作業をすることやその動作，または収入を得るための生業のような，どちらかといえば物理学のような理系学問とは縁遠い響きがする通俗的な言葉である．しかし物理学でも，「仕事」という概念は別の意味で頻繁に登場し，日常の仕事とは意味も内容も大きく異なる．物理学での仕事とは，数学的な意味も含めて説明すると，物体に加えた力と，それによる物体の変位の内積（スカラー積）によって定義される物理量のことである．つまり，物体に力を加え続けて，物体が力の向きに移動したときに，「仕事をした」と定義する．移動という状態の変化がなければ，本当に力を加えたのかどうかを客観的に判断できないから，移動した量と加えた力で仕事の量を測るわけである．

物理学的な仕事を考える際のポイントは，「加える力の方向」と「物体が移動した方向」の関係をしっかりつかむことである．まず，加えられる力が一定の場合について考える．

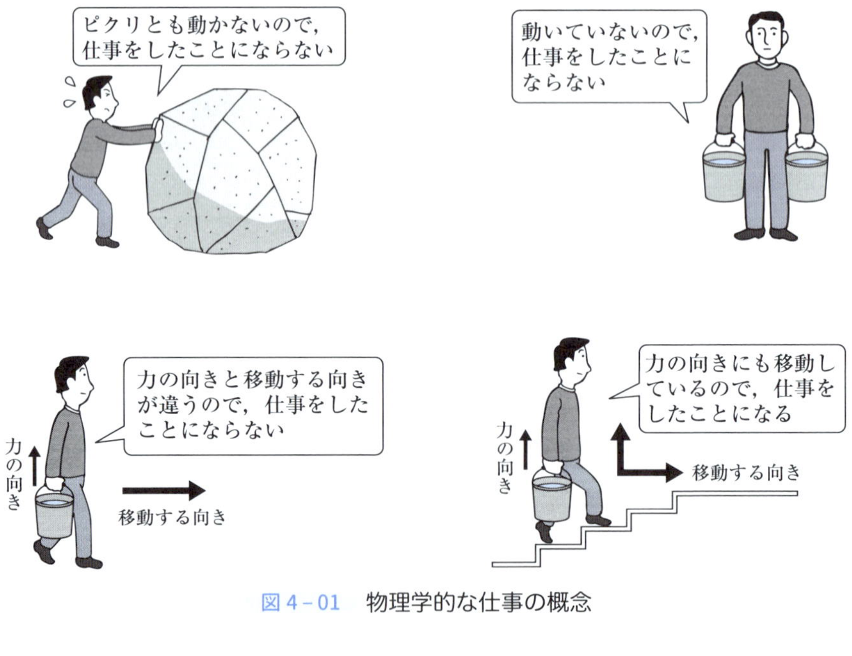

図 4－01　物理学的な仕事の概念

1 加えられる力が一定であり力の方向が物体の運動と一致している場合

物理学では，仕事は記号 W で表され，その単位は N·m である．加えられる力 F と同じ方向に物体が距離 s だけ運動するとき，

$$W = Fs \tag{4.1}$$

と表され，「力 F が仕事をした」という．

力 F の単位は N なので，距離 s の単位 m との積は $\mathrm{N \cdot m = kg \cdot m^2/s^2}$ となる．これはジュールという単位でもあり，J と記す．

例えば，図 4-02 のように質量 m の物体を垂直に h 持ち上げたとすると，加えられる力 F は mg であるから（F は，物体にはたらく重力 mg よりもわずかに大きい値であるから，この「わずか」分はいくらでも小さくでき，結局，$F = mg$ としてよい），

$$W = mgh \tag{4.2}$$

となる．

しかし，物体が重すぎて全く動かなかった場合には，動いた距離（持ち上げた高さ）は 0 であるから，$W = 0$ となり，物理学的な仕事はなされていない．日常経験に置き換えて考えると，少々割りの合わない話になるが，冒頭にも述べたように，物理学の世界では，移動した量と加えた力で仕事の量を定義するのである．

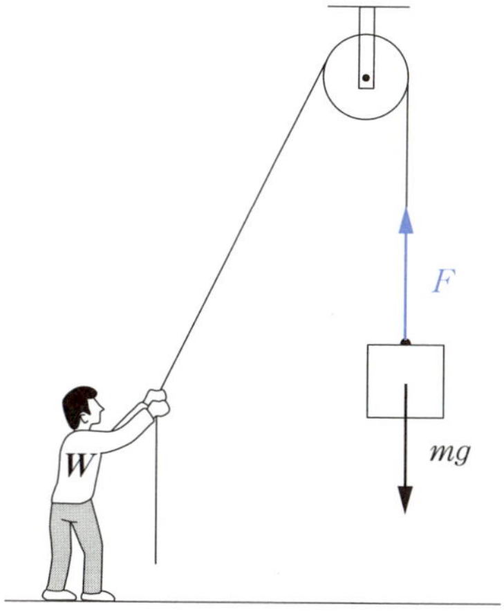

図 4－02　物体の持ち上げ

2 加えられる力が一定であるが物体の運動の方向と異なる場合

では，図 4-03 のように，加えられる力が一定であるが運動の方向が力の向きに対して角度 θ だけ傾いている場合の仕事 W はどのように考えればよいのだろうか．

物理学的には，物体に力を加え続けて，物体が力の向きに移動したときに，「仕事をした」と定義するわけであるから，物体の移動方向の力の成分と移動距離を求めればよいことになる．

移動方向の力の成分 F_t は

$$F_t = F\cos\theta \tag{4.3}$$

であるから，これと移動距離 s との積が仕事 W となる．

$$W = F_t \cdot s = Fs\cos\theta \tag{4.4}$$

なおここで，$\theta = 0$，すなわち，$\cos\theta = 1$ となるのが，加えられる力が一定であり力の方向が物体の運動と一致している場合である．

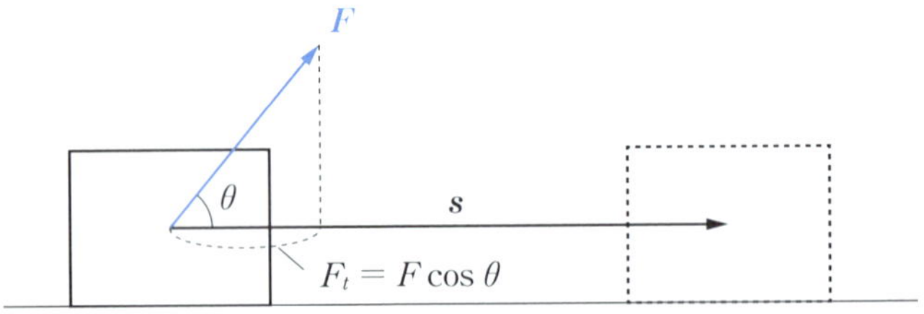

図 4－03　力の加え方と運動方向

ところで，今回の場合には重力の影響を考えていない．重力は地球が物体を引っ張る力であり，これとつり合う反力が作用・反作用の法則によって発生するために，見かけ上はたらく力がキャンセルされる．そのため，重力の影響を無視して問題を解いてもよいのである．さて，本章の冒頭でも述べたように，この考え方は数学の内積と同じである．

質点に力 $\boldsymbol{F}$ を加えて点 P から点 Q へ移動させる場合を考える．このとき加えた力のする仕事は，P から Q へ向かうベクトルで表し，変位 $\boldsymbol{S}$ と力 $\boldsymbol{F}$ とのなす角を θ とすれば，

$$W = |\boldsymbol{F}||\boldsymbol{S}|\cos\theta = \boldsymbol{F}\cdot\boldsymbol{S} \tag{4.5}$$

と表現できる．このように，仕事 W は力 $\boldsymbol{F}$ と変位 $\boldsymbol{S}$ の内積で表現される．

仕事は力 $\boldsymbol{F}$ と変位 $\boldsymbol{S}$ の内積で与えられるので，それらのなす角 θ の値によって正になったり負になったりする．このように，内積という数学的ツールを用いると，物理学的な意味での仕事を一般化して表現することができる（付録参照）．

3 仕事率

単位時間当たりにどの程度の割合で仕事をするのかを示す量を**仕事率**(**パワー**)と呼ぶ．仕事の能率のことであり，記号はP，単位は**ワット** W で表される．

$$P\,[\mathrm{W}] = W\,[\mathrm{J}]/t\,[\mathrm{s}] \tag{4.6}$$

仕事率の単位ワットは，消費電力の表示として馴染み深い．消費電力は単位時間当たりに使った**エネルギー**のことであるが，これと仕事率の単位が同じであるということは，物理学的な仕事とエネルギーは同等の概念であるということを物語っている．

電気量を測る単位としては 1 Wh，つまり仕事率 1 W の仕事による 1 時間の仕事量が用いられる．1 kWh は J では，

$$1\ \mathrm{kWh} = 10^3\ \mathrm{W} \times 3600\ \mathrm{s} = 3.6 \times 10^6\ \mathrm{J} \tag{4.7}$$

に相当する．人間が 1 日に必要なカロリーは成人で約 2500 kcal である．1 cal は 4.2 J であるから，この熱量は，

$$2500 \times 10^3 \times 4.2 = 1.05 \times 10^7\ \mathrm{J}$$

となる．このエネルギーで 100 W の電球を何時間点灯できるか計算してみると，約 29 時間点灯できることになる．つまり，人間が 1 日に消費しているエネルギーは，ほぼ 100 W の電球 1 個に相当しているわけである．

2 位置エネルギーと運動エネルギー

エネルギーという言葉も，日常生活で幅広く使われているが，物理学的には仕事をする能力のことを意味する．エネルギーは，あらゆる科学の分野をつなぐ，もっとも基本的かつ抽象的な概念である．エネルギーにはさまざまな形態が存在し，また視点によって分類方法も数多く存在する．多くは何らかの機器を使用することで相互に変換することができる．例えば，光エネルギーは太陽電池によって電気エネルギーに変換され，より狭義な例では，運動中の物体の高さを斜面などで変位させることによって運動エネルギーは位置エネルギーに変換される．以降は，力学的エネルギー（これは，運動エネルギーと位置エネルギーの和に相当する）にポイントを絞って説明する．

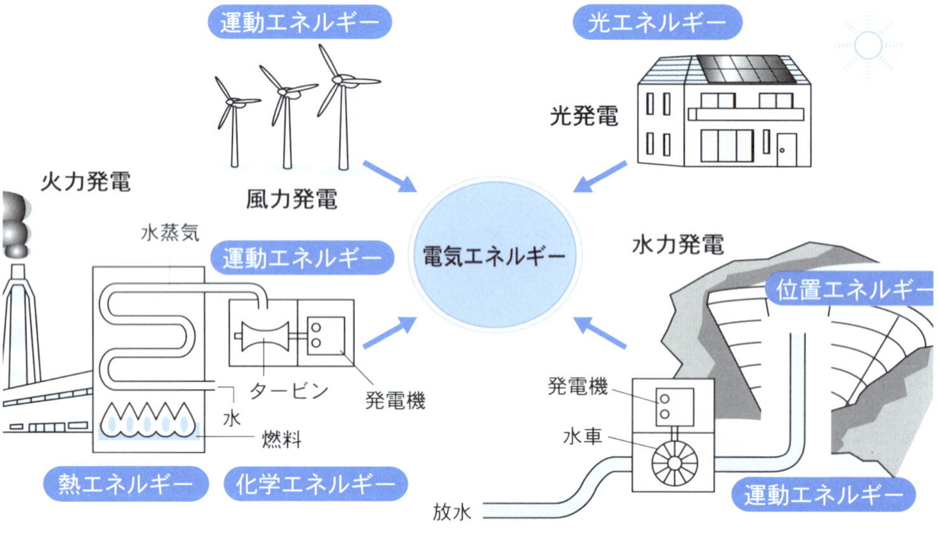

図 4－04　エネルギーの移り変わり

1 位置エネルギー

図 4-02 のように質量 m の物体を垂直に h 持ち上げたとすると，なされた仕事 W は，mgh となる．当然，h が大きくなると W も大きくなるが，これは物体が「ある位置」にあることで物体にたくわえられるエネルギーであるから，位置エネルギー（あるいはポテンシャルエネルギー）と呼ばれる．この場合は，物体にはたらく重力が物体に一定に加えられる力であるから，重力による位置エネルギーである．

次に，ばねの弾性力による位置エネルギーについて考えてみよう．図 4-05 のように，ばね定数 k のばねを机上にすえつける．ばねが自然長にあるときのばね先端を原点 O とし，伸びる方向を正として x 軸をとる．ばねを力 F で引っ張り，伸びた長さを x とすると，F と x の間には図 4-05 のような関係が認められる（フックの法則）．

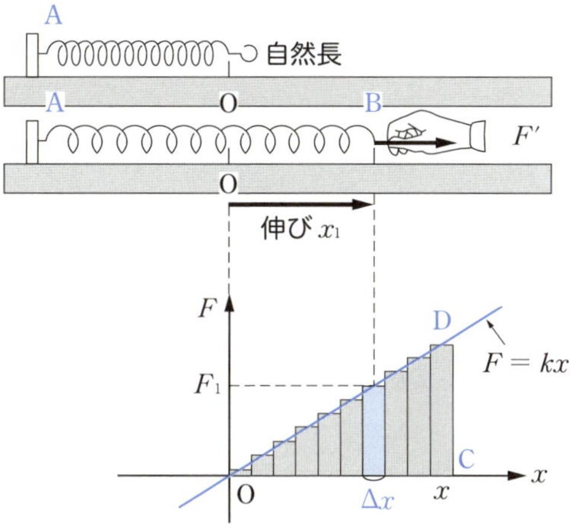

図 4－05　ばねによる位置エネルギーの変化

$$F = kx \tag{4.8}$$

この式は，ばねの伸びが大きくなるにしたがって引っ張る力も線形的に大きくなることを意味しており，これまで見てきた「加えられる力が一定」である状況とは異なる．もう一度図 4-05 をよく見てみよう．F は x とともに連続的に変化しているが，このような状況を把握するためには，微分・積分の考え方が役に立つ．

ばねが位置 x_1 から微小な距離 Δx だけ変位するとすれば，この間に力がする仕事 ΔW は，

$$\Delta W = kx_1 \cdot \Delta x \tag{4.9}$$

となる．もちろん，Δx という距離の間でばねの力は kx_1 から $k(x_1+\Delta x)$ に変化する．しかしながら，Δx が極限まで小さければ，その間の力の変化は小さいから $k\Delta x$ の項を無視しても差し支えない．つまり，Δx の区間では，加わる力は kx_1 としてもよいのである．これは，短冊形の区間の面積を求めることになる．この作業をばねの伸び 0 の状態から距離 a までの区間で行うことが積分そのものである．

すなわち，

$$W = \int_0^a kx\mathrm{d}x = \left[\frac{kx^2}{2}\right]_0^a \tag{4.10}$$

となる．したがってばねの弾性力による位置エネルギー W は，ばねの伸び量が a の場合に，

$$W = \frac{1}{2}ka^2 \tag{4.11}$$

となる．

2 運動エネルギー

運動している物体はそれだけでエネルギーをもっているといえる．運動している物体が何かほかの物体に当たったときに動かしたり変形させたりすることができるからである．この運動している物体のエネルギーを**運動エネルギー**と呼ぶ．

では，運動エネルギーをどのように捉えたらよいか．速度 v_0 で運動している質量 m の物体に力 F を加えて運動を止めることを考える．運動している物体を止めるのに必要な仕事の量が，運動エネルギーそのものであるから，これを求めればよい．

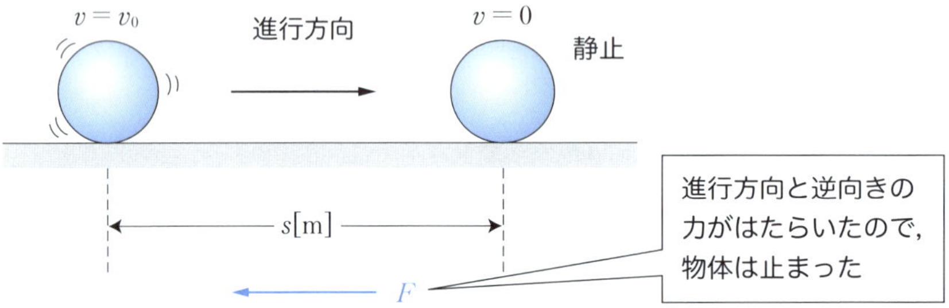

図 4－06　力学的運動エネルギーの考え方

一定の力 F が加わっている物体の速度 v は，力を加え始めてからの時間を t，加速度を a とすると，

$$v = v_0 + at \tag{4.12}$$

となる．

時間 t の間に物体が移動した距離 s は，以下の式で求められる．

$$s = \int_0^t v\mathrm{d}t = \int_0^t (v_0 + at)\mathrm{d}t = v_0 t + \frac{at^2}{2} \tag{4.13}$$

この運動は負の等加速度運動であるから，距離 s 移動した後に速度 0 になったとすると，

$$0 = v_0 + at \tag{4.14}$$

となる．すると，$t = -v_0/a$ となる．

式(4.13)と式(4.14)から，

$$v_0^2 = -2as \tag{4.15}$$

となり，この運動の加速度 a は，

$$a = -\frac{v_0^2}{2s} \tag{4.16}$$

となることがわかる．

すると，速度 v_0 で運動している質量 m の物体に加えられる力 F(進行方向と逆向き)は，

$$F = -ma = \frac{mv_0^2}{2s} \tag{4.17}$$

となる．この式より，運動している物体を止めるのに必要な仕事の量 Fs は，

$$Fs = \frac{mv_0^2}{2} \tag{4.18}$$

となって，$mv_0^2/2$ が物体の運動エネルギーであることがわかる．

3 力学的エネルギー保存の法則

運動エネルギーと位置エネルギーの和のことを**力学的エネルギー**と呼ぶ．では，物体にたくわえられるエネルギー（位置エネルギー，ポテンシャルエネルギー）と運動しているエネルギーの関連を力学的に考えるとはどのようなことなのだろうか．

図 4-07 のように質量 m の物体を垂直に h 持ち上げたとすると，物体の（重力による）位置エネルギーは mgh となった．さて，持ち上げた物体をそっと放すとどうなるか．当然，真下に落下するが，地面に衝突する直前に速度が最大になることは誰でも想像がつくだろう．また，地面に衝突する直前の位置エネルギーは 0 となる．これは何を意味しているのだろうか．物体は，重力以外の力を受けて速度を上げているのではなく，位置エネルギーを運動エネルギーに変えて速度を得ているのである．つまり，何らかのはたらきによって物体にたくわえられた mgh の位置エネルギーは，地面に衝突する直前に $mv^2/2$ の運動エネルギーに変換される．したがって，

$$mgh = \frac{mv^2}{2} \tag{4.19}$$

となり，地面に衝突する直前の速度 v は $\sqrt{2gh}$ となる．

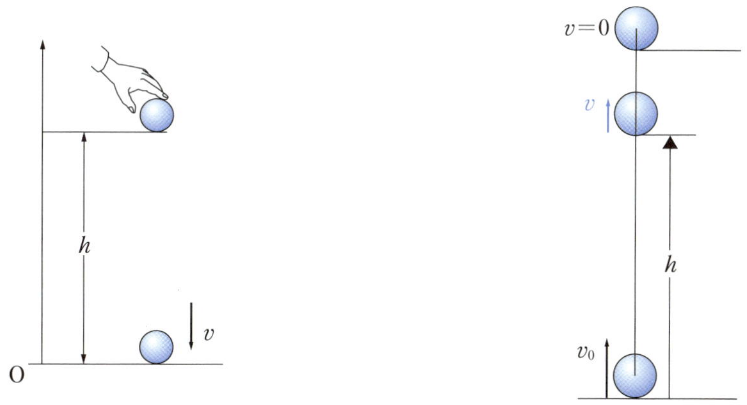

図 4－07 運動エネルギーと位置エネルギー

物体が落下している間は，物体は，「ある位置エネルギー」と「ある運動エネルギー」をもつことになるが，両者の和は，つねに mgh あるいは $mv^2/2$ に等しい．

このように，重力の作用のみによって運動する物体の力学的エネルギーは時間が経過しても不変である．これを，**力学的エネルギー保存の法則**と呼ぶ．

上記を別の見方で考えてみよう．

時間 $t=0$ に，物体を初速 v_0 で真上に投げ上げると，徐々に減速して，やがては静止し，落下し始める．鉛直上向きに $+x$ 軸を選ぶと，加速度は負で $a_0=-g$ なので，

$$v=-gt+v_0 \tag{4.20}$$

となる．$v>0$ の場合は物体が上昇している場合であり，$v<0$ の場合は物体が落下している場合である．

投げた点の x 座標を x_0 とすると，t における物体の x 座標は，

$$x=-\frac{1}{2}gt^2+v_0t+x_0 \tag{4.21}$$

となる．式(4.20)から導かれる $t=(v_0-v)/g$ を式(4.21)に代入すると，

$$\begin{aligned} x-x_0&=\frac{1}{2}t(2v_0-gt)\\ &=\frac{(v_0-v)(v_0+v)}{2g}\\ &=\frac{v_0^2-v^2}{2g} \end{aligned} \tag{4.22}$$

が導かれる．

この式の両辺に m を掛けて整理すると，

$$mgx+\frac{mv^2}{2}=mgx_0+\frac{mv_0^2}{2}=\text{一定} \tag{4.23}$$

となり，力学的エネルギーが保存されることがわかる．

このような力学的エネルギー保存の法則は，先に紹介したばねの運動にも当てはまり，

$$\frac{mv^2}{2}=\frac{kx^2}{2}=\text{一定} \tag{4.24}$$

となる．

物体系が複雑に変化するときでも，エネルギーの総和は変わらない．エネルギー保存の法則も，ニュートンの3つの力学の法則から導き出される．上記のように，力学的エネルギー保存の法則は，力学問題解決の手段として，とても有効である．もちろん，摩擦力などの別の力がはたらく場合には，力学的エネルギー保存の法則自体は成り立たなくなるが，これはあくまでも別のエネルギー形態（熱エネルギー）になるからであって，物体系のエネルギーの総和は変化しない．

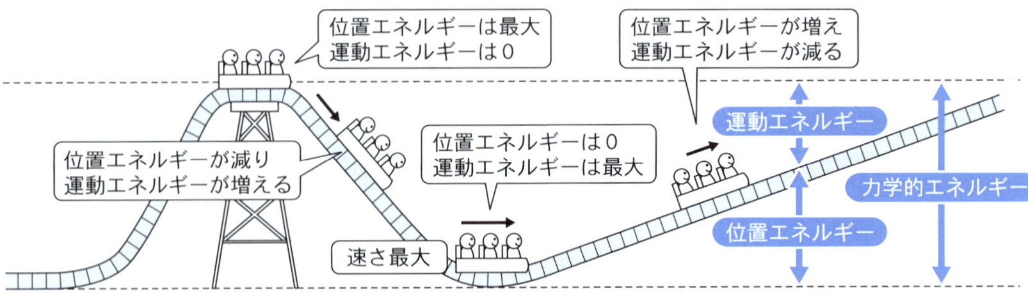

図4－08　運動エネルギーと位置エネルギーの変化

第4章 練習問題

4.1 体重 50 kg の人間が 3,000 m の高さの山に登る.

(1) この人が自分の体を山頂に持ち上げるためにする仕事はいくらか.

(2) 1 kg の脂肪はおよそ 3.8×10^7 J のエネルギーを供給する. この人が 20 % の効率で脂肪のエネルギーを仕事に変えるとすると, この登山でどれだけの脂肪を減らせるか.

4.2 体重 60 kg の人が高さ 40 m の階段を 15 秒で駆け上がった. 平均の仕事率を求めよ.

4.3 高さ 50 m のマンションの屋上にある貯水タンクに, 地面から水をくみ上げる. 8.0 kW の仕事率のポンプを使うと, 1 秒間に何 L の水をくみ上げることができるか. 1L の水の重さを 1 kg とする.

4.4 滑らかな水平面上で, 静止している質量 10 kg の物体に水平方向に一定の力を加え, 10 m 動かしてから力を加えるのをやめると, 物体は速さ 20 m/s で等速直線運動を続けた.

(1) 運動エネルギーは何 J 増加したか.

(2) 加えた力のした仕事は何 J か. このときの力の大きさは.

4.5 質量 $m_1 = 2$ kg の物体 A が, 滑らかな水平面上を速度 $v_1 = 4$ m/s で動いている. この物体 A が, 初め静止していた質量 $m_2 = 3$ kg の物体 B と正面衝突した. 衝突後, 物体 B は速度 $v_2' = 2$ m/s で動き出し, 物体 A は速度 v_1' で動く. この衝突は非弾性衝突であり, 運動量保存則が成り立つが, 力学的エネルギーの一部は失われた.

(1) 衝突後の物体 A の速度 v_1' を求めよ.

(2) 衝突により失われた力学的エネルギーを求めよ.

4.6 図のように天井から長さ 1 m の糸でおもりを吊るし, 鉛直と角度 30° の状態にして静かに離した. 糸が高さ 50 cm の棚に到達してからおもりが最高点に到達した状態で, 糸が鉛直となす角 θ を求めよ.

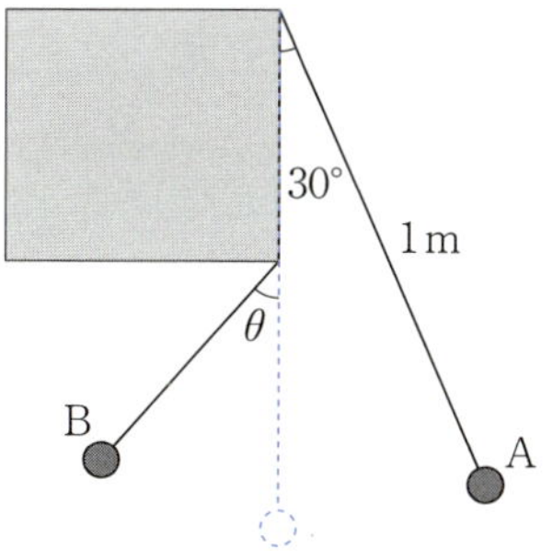

4.7　図のような，ばね定数 k のばねに質量 m の板をつけた小球の発射装置がある．ばねを自然長から x_0 だけ縮め，その前に質量 M の小球を置いた．ばねの止め具を外すと，小球はどれだけの速さで発射されるか．

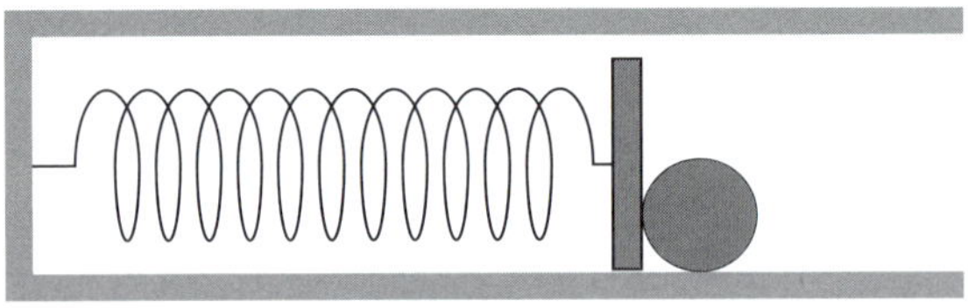

4.8　滑らかな摩擦のない斜面上の点 A（高さ H）から質量 m の球を静かに放した．点 B（高さ h）を通過するときの速さ v はいくらか．また，床上の点 C に衝突するときの速さ v_e はいくらか．

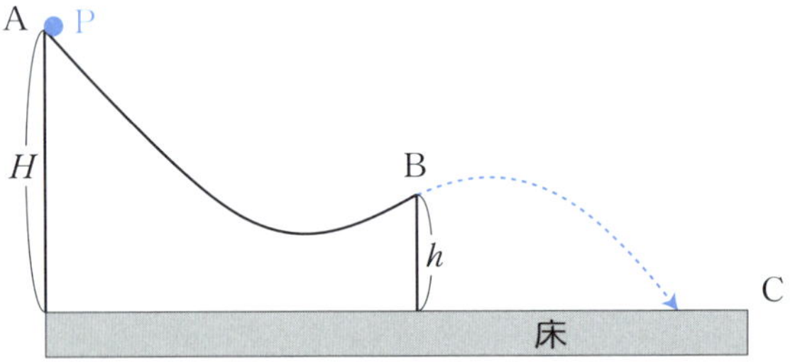

4.9　傾き θ，動摩擦係数 μ の斜面上に質量 m の物体を置いたところ，物体は静かに滑り出した．斜面上を距離 x だけ滑りおりたときの物体の速さを求めよ．またこの間に失われた力学的エネルギーはいくらか．

4.10　図のように，水平な床面に三角形の滑り台（質量 M）が静止している．滑り台の斜面において，床面から h の高さのところに質量 m の小さなソリを置いて，静かに手を離すことでソリを滑らせるものとする．滑り台と床面，ソリと滑り台の斜面との間に摩擦は無いものとして，ソリが床面に到達したときの，ソリの速度 v，滑り台の速度 V を求めよ．

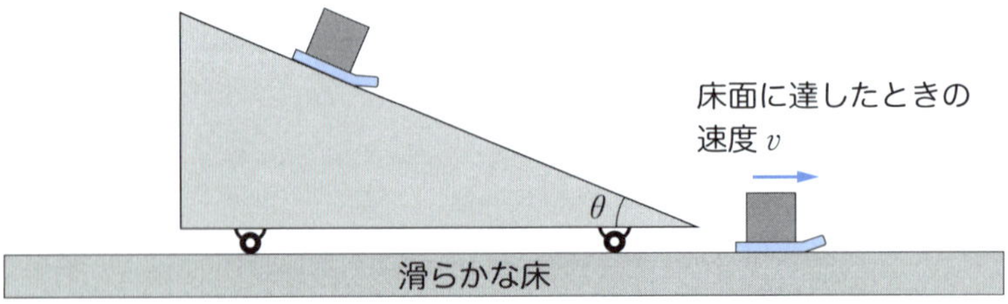

第5章
回転運動と角運動量

これまでは，物体（質点）の平面的な運動に関していろいろと考えてきたが，ここでは，質点の回転運動と角運動量について考えよう．

回転という現象は，運動の効率を上げるうえで欠かすことのできない動きであり，農学や生命科学とも密接な関連がある．例えば，トラクターのタイヤや播種機のギアなど，農業機械の動きは回転運動に基づいており，また，散水装置の回転による水の均等な分配は，回転運動と遠心力の原理を利用している．また，回転運動は，宇宙に存在する星々の運動を象徴するものである．地球は太陽のまわりを回転運動している惑星であり，月は地球のまわりを回っている衛星である．この章ではまず，もっとも簡単な回転運動である等速円運動の性質とはたらく力について学ぶ．続いて，回転運動と強い関連をもついくつかの事項について学ぶ．

1 極座標による運動の表現

1 平面運動の極座標表示

図 5-01 に示すように，平面上の質点 P の運動を記述するのに，直交座標 (x, y) のかわりに平面極座標 (r, θ) を使って表すことができる．このとき，

$$x = r\cos\theta, \quad y = r\sin\theta \tag{5.1}$$

である．x と y が時間 t とともに変化するときは，r と θ も t の関数である．

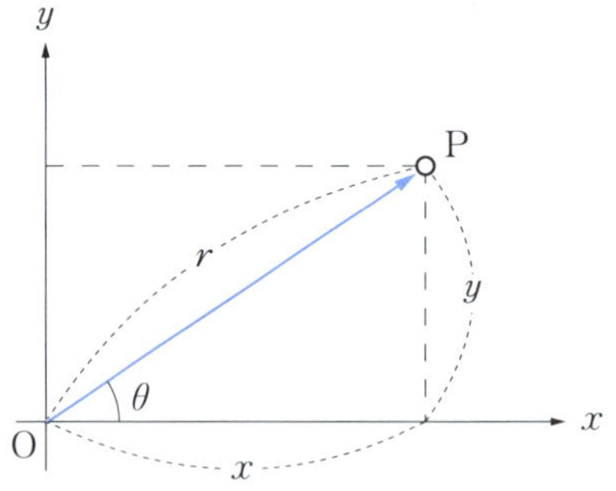

図 5－01　平面極座標

2 質点の回転運動，等速円運動

では次に，極座標によって質点Pの位置を表し，ベクトルで速度と加速度を表してみよう．

極座標内の質点は $\mathrm{P}(r, \theta)$ で表される．x 軸および y 軸方向の単位ベクトルを $\boldsymbol{i}$，および $\boldsymbol{j}$，r 方向および θ 方向の単位ベクトルを $\boldsymbol{e}_r$ および $\boldsymbol{e}_\theta$ とする．$\boldsymbol{e}_r$，$\boldsymbol{e}_\theta$ は，図 5-02 より，

$$\boldsymbol{e}_r = \cos\theta\boldsymbol{i} + \sin\theta\boldsymbol{j} \tag{5.2}$$

$$\boldsymbol{e}_\theta = -\sin\theta\boldsymbol{i} + \cos\theta\boldsymbol{j} \tag{5.3}$$

となる．また，

$$\boldsymbol{r} = r\boldsymbol{e}_r \tag{5.4}$$

である．式 (5.2) および式 (5.3) を時間で微分すると，

$$\frac{\mathrm{d}\boldsymbol{e}_r}{\mathrm{d}t} = -\sin\theta\frac{\mathrm{d}\theta}{\mathrm{d}t}\boldsymbol{i} + \cos\theta\frac{\mathrm{d}\theta}{\mathrm{d}t}\boldsymbol{j} = \frac{\mathrm{d}\theta}{\mathrm{d}t}\boldsymbol{e}_\theta \tag{5.5}$$

$$\frac{\mathrm{d}\boldsymbol{e}_\theta}{\mathrm{d}t} = -\cos\theta\frac{\mathrm{d}\theta}{\mathrm{d}t}\boldsymbol{i} - \sin\theta\frac{\mathrm{d}\theta}{\mathrm{d}t}\boldsymbol{j} = -\frac{\mathrm{d}\theta}{\mathrm{d}t}\boldsymbol{e}_r \tag{5.6}$$

となる（積の微分公式を用いて求める）．同様に，式 (5.4) を時間で微分して，速度 $\boldsymbol{v}$ を導いてみよう．

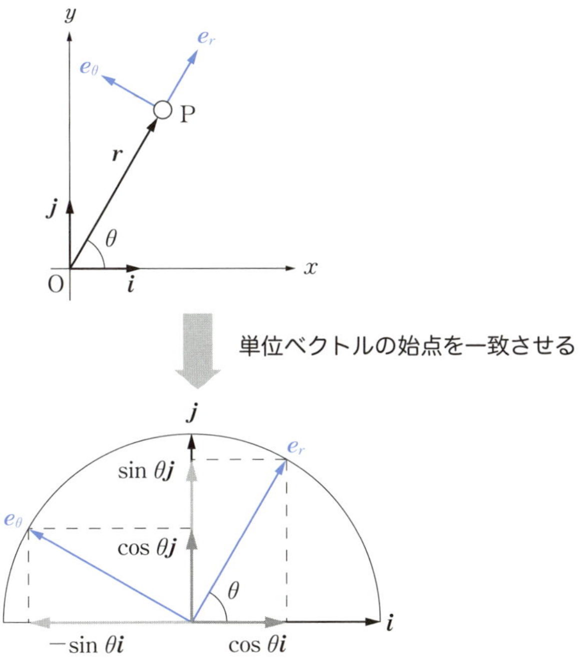

図 5－02 極座標での単位ベクトル

$$\boldsymbol{v} = \frac{\mathrm{d}\boldsymbol{r}}{\mathrm{d}t} = \frac{\mathrm{d}}{\mathrm{d}t}(r\boldsymbol{e}_r) = \frac{\mathrm{d}r}{\mathrm{d}t}\boldsymbol{e}_r + r\frac{\mathrm{d}\boldsymbol{e}_r}{\mathrm{d}t} \tag{5.7}$$

さらに，式(5.5)を用いることにより，

$$\boldsymbol{v} = \frac{\mathrm{d}r}{\mathrm{d}t}\boldsymbol{e}_r + r\frac{\mathrm{d}\theta}{\mathrm{d}t}\boldsymbol{e}_\theta \tag{5.8}$$

となり，速度 $\boldsymbol{v}$ を r および θ 方向の単位ベクトルで表現できる．

さらに，式(5.8)を時間で微分して，加速度 $\boldsymbol{a}$ を導く．

$$\begin{aligned}\boldsymbol{a} &= \frac{\mathrm{d}\boldsymbol{v}}{\mathrm{d}t} = \frac{\mathrm{d}}{\mathrm{d}t}\left(\frac{\mathrm{d}r}{\mathrm{d}t}\boldsymbol{e}_r + r\frac{\mathrm{d}\theta}{\mathrm{d}t}\boldsymbol{e}_\theta\right)\\ &= \frac{\mathrm{d}^2 r}{\mathrm{d}t^2}\boldsymbol{e}_r + \frac{\mathrm{d}r}{\mathrm{d}t}\frac{\mathrm{d}\boldsymbol{e}_r}{\mathrm{d}t} + \frac{\mathrm{d}r}{\mathrm{d}t}\frac{\mathrm{d}\theta}{\mathrm{d}t}\boldsymbol{e}_\theta + r\frac{\mathrm{d}\theta}{\mathrm{d}t}\frac{\mathrm{d}\boldsymbol{e}_\theta}{\mathrm{d}t}\end{aligned} \tag{5.9}$$

式(5.5)および式(5.6)を用いると，

$$\begin{aligned}\boldsymbol{a} &= \frac{\mathrm{d}^2 r}{\mathrm{d}t^2}\boldsymbol{e}_r - r\left(\frac{\mathrm{d}\theta}{\mathrm{d}t}\right)^2\boldsymbol{e}_r + \left(2\frac{\mathrm{d}r}{\mathrm{d}t}\frac{\mathrm{d}\theta}{\mathrm{d}t} + r\frac{\mathrm{d}^2\theta}{\mathrm{d}t^2}\right)\boldsymbol{e}_\theta\\ &= \left\{\frac{\mathrm{d}^2 r}{\mathrm{d}t^2} - r\left(\frac{\mathrm{d}\theta}{\mathrm{d}t}\right)^2\right\}\boldsymbol{e}_r + \frac{1}{r}\frac{\mathrm{d}}{\mathrm{d}t}\left(r^2\frac{\mathrm{d}\theta}{\mathrm{d}t}\right)\boldsymbol{e}_\theta\end{aligned} \tag{5.10}$$

となり，やはり r および θ 方向の単位ベクトルで表現できるようになる．

図 5-03 のように質量 m の質点が，原点 O のまわりを半径 r，角速度 $\omega\,(=\mathrm{d}\theta/\mathrm{d}t)$ で等速円運動している状況を考える．円の中心を原点とする極座標を想定し，半径方向の速度成分 v_r，回転方向速度成分 v_θ，および加速度成分 a_r および a_θ を求めてみよう．半径一定であるので $v_r=0$，回転方向の速度 v_θ は半径と角速度 $r\omega$ の積となり，質点は速度の向きを変えるだけで速度は変わらない（一定速度を保つ）．

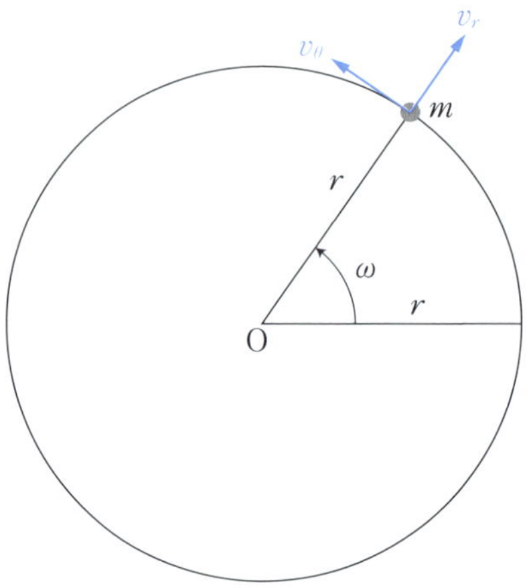

図 5－03　等速円運動

式 (5.8) より，v_r は $\boldsymbol{e}_r$ 方向の成分，v_θ は $\boldsymbol{e}_\theta$ 方向の成分であり，

$$v_r = \frac{\mathrm{d}r}{\mathrm{d}t} = 0 \tag{5.11}$$

$$v_\theta = r\frac{\mathrm{d}\theta}{\mathrm{d}t} = r\omega \tag{5.12}$$

となる．

a_r および a_θ については，式 (5.10) より，

$$a_r = \frac{\mathrm{d}^2 r}{\mathrm{d}t^2} - r\left(\frac{\mathrm{d}\theta}{\mathrm{d}t}\right)^2 = 0 - r\omega^2 = -r\omega^2 \tag{5.13}$$

$$a_\theta = \frac{1}{r}\frac{\mathrm{d}}{\mathrm{d}t}\left(r^2\frac{\mathrm{d}\theta}{\mathrm{d}t}\right) = 0 \tag{5.14}$$

となる．回転方向の加速度成分 a_θ は 0 で，半径方向には $-r\omega^2$ となる．もちろん，この質点はニュートンの運動の法則に従うが，このような回転中心に向かう加速度に質量 m を掛けた力 $-mr\omega^2$ を向心力という．

$$F = ma_r = -mr\omega^2 = -\frac{mv_\theta^2}{r} \qquad v_\theta = r\omega \tag{5.15}$$

2 力のモーメント

実際の物体には大きさがあるため，力のかかり方によっては回転する場合がある．物体を回転させようとする力のはたらき（能力）を**モーメント**と呼ぶ．図 5-04 のように，質量が無視できる変形しない長さ x の棒の一端を支点として，他端に力 F を加える．すると，支点を中心に棒を反時計回りに回転させようとする

$$N = xF \tag{5.16}$$

という**力のモーメント**がはたらく．この力のモーメントを利用すると，てこの原理で重いものを持ち上げることができる．なお，回転軸まわりの力のモーメントのことを**トルク**と呼ぶ（ねじりの強さのことである）．

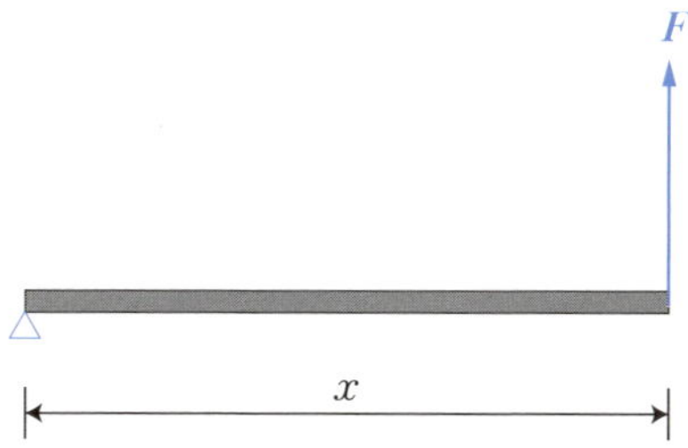

図 5－04　力のモーメント

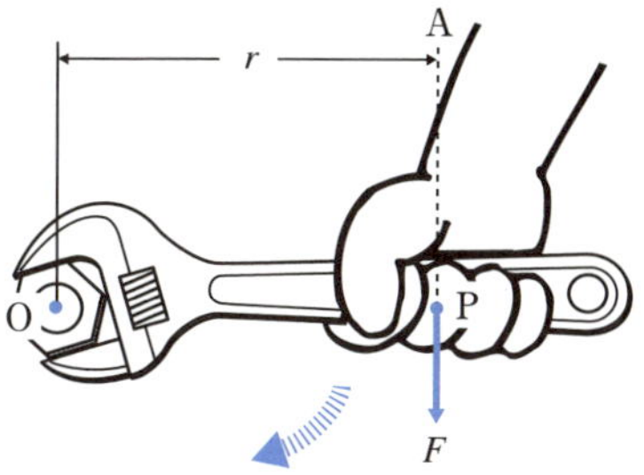

図 5－05　トルクの原理

力 $\boldsymbol{F}$ の方向が棒に垂直でない場合には，棒に対して垂直な成分と平行な成分に分解して考えればよい（図 5-06）．平行成分 $F\cos\theta$ は棒を回転させず，垂直成分 $F\sin\theta$ は棒を長さ x で回転させるようにはたらく．

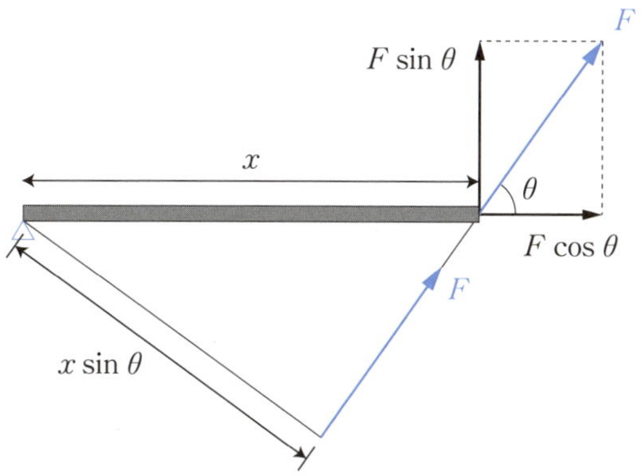

図 5－06　力の分解，力のモーメント

したがって，力のモーメントは，

$$N = xF\sin\theta \tag{5.17}$$

となる．別の見方をすると，力 $\boldsymbol{F}$ を作用線上で移動させ，これと垂直になる回転中心からの棒の長さ $x\sin\theta$ を掛け合わす，すなわち，

$$N=(x\sin\theta)F \tag{5.18}$$

によって力のモーメントを表すことができる．

また，図 5-07 のように xy 面で棒にはたらく力のモーメントを x 軸方向および y 軸方向に分離して考えると，反時計回りの力のモーメント N_1 は，

$$N_1=xF_y \tag{5.19}$$

となり，また，時計回りの力のモーメント N_2 は，

$$N_2=yF_x \tag{5.20}$$

と表すことができる．一般的に，反時計回りの力のモーメントを正とするので，

$$N=N_1-N_2=xF_y-yF_x \tag{5.21}$$

となる．

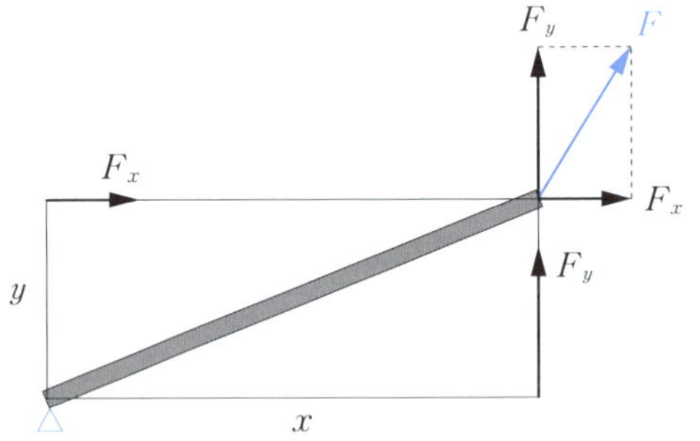

図 5－07　xy 面での力のモーメント

3 角運動量と中心力

1 角運動量

第 3 章で説明したように，直線上を運動する物体は運動量（運動の激しさ，勢い）をもっている．同様に，回転運動している物体でも，回転運動の激しさ，勢いとして**角運動量**が定義される．

xy 平面内で質点が力 $\boldsymbol{F}=(F_x, F_y)$ をうけて，運動量 $\boldsymbol{p}=(p_x, p_y)$ で運動しているとする（図 5-08）．すると，x 軸方向，y 軸方向の運動方程式は，

$$\frac{\mathrm{d}p_x}{\mathrm{d}t}=F_x \tag{5.22}$$

$$\frac{\mathrm{d}p_y}{\mathrm{d}t}=F_y \tag{5.23}$$

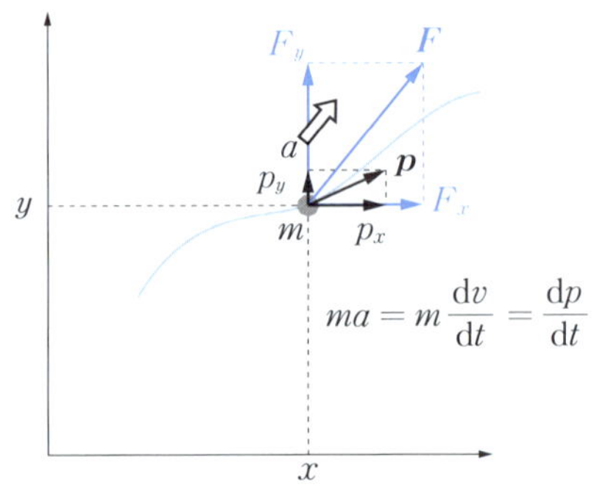

図 5－08　力のモーメントと運動方程式

となる．力のモーメントの式(5.21)の右辺と同じになるように，上式を変換すると，

$$x\frac{\mathrm{d}p_y}{\mathrm{d}t}-y\frac{\mathrm{d}p_x}{\mathrm{d}t}=xF_y-yF_x \tag{5.24}$$

となる．

$$\frac{\mathrm{d}x}{\mathrm{d}t}p_y-\frac{\mathrm{d}y}{\mathrm{d}t}p_x=v_x m v_y-v_y m v_x=0 \tag{5.25}$$

であるため，式(5.24)は，

$$\frac{\mathrm{d}}{\mathrm{d}t}(xp_y-yp_x)=xF_y-yF_x \tag{5.26}$$

と変形される．右辺は原点を支点とする力のモーメントであり，左辺の括弧内は原点を支点とする運動量のモーメントといえる．これが角運動量である．角運動量 L は，

$$L=xp_y-yp_x \tag{5.27}$$

である．角運動量 L と力のモーメント N は，運動方程式から，

$$\frac{\mathrm{d}L}{\mathrm{d}t}=N \tag{5.28}$$

という関係になる．すなわち，角運動量の変化は力のモーメントによって生じる．

式(5.28)より，力のモーメント N が 0 であれば，角運動量 L は一定となる(保存される)．L を変化させる原因が N であるから，N が 0 のとき L が変化しないのは当然である．3 次元座標で角運動量を考えても，同様の結論になる．

回転軸には方向があるので，角運動量と力のモーメントにも大きさと方向と向きがある．すなわち，角運動量と力のモーメントはベクトルであり，ベクトル積で表される．

点 $\boldsymbol{r}$ にある質量 m，速度 $\boldsymbol{v}$ の質点に力 $\boldsymbol{F}$ がはたらいているとき，原点 O のまわりの力 $\boldsymbol{F}$ のモーメント $\boldsymbol{N}$ と質点の角運動量 $\boldsymbol{L}$ は，ベクトル積を使って，

$$\boldsymbol{N}=\boldsymbol{r}\times\boldsymbol{F} \tag{5.29}$$

$$\boldsymbol{L}=\boldsymbol{r}\times\boldsymbol{p}=\boldsymbol{r}\times m\boldsymbol{v} \tag{5.30}$$

と表される(付録参照)．

2 つのベクトル $\boldsymbol{r}$ と $\boldsymbol{F}$ のベクトル積 $\boldsymbol{r}\times\boldsymbol{F}$ はベクトルで，

$$\frac{\mathrm{d}\boldsymbol{L}}{\mathrm{d}t}=\boldsymbol{N} \tag{5.31}$$

と表される．

角運動量の概念は，農学においても直接的または間接的に関連する場合がある．角運動量は，上記のように物体の回転速度とその回転軸に対する質量分布に依存するため，例えば，風力発電の風車のブレードの回転は角運動量の概念を利用している．風の力を受けてブレードが回転し，その運動エネルギーが電力に変換される．

2 中心力

質点が力 $\boldsymbol{F}$ を受けて運動し，その力 $\boldsymbol{F}$ の作用線がつねにある任意の点Oを通るとき，力 $\boldsymbol{F}$ を中心力と呼ぶ．図 5-09 に示すように，点Oを原点とすると，質点の位置ベクトルは

$$\boldsymbol{F} = F\frac{\boldsymbol{r}}{r} \tag{5.32}$$

で表される．$\frac{\boldsymbol{r}}{r}$ は $\boldsymbol{r}$ 方向の単位ベクトルである．ここで，$F<0$ であると，点Oに近づく（つまり，引力となる）．ひもの一端に物体を取りつけてぐるぐる振り回してみる．手を動かさない場合には，物体に作用するひもの張力の作用線はつねに一定な点（手）を通るので中心力である．

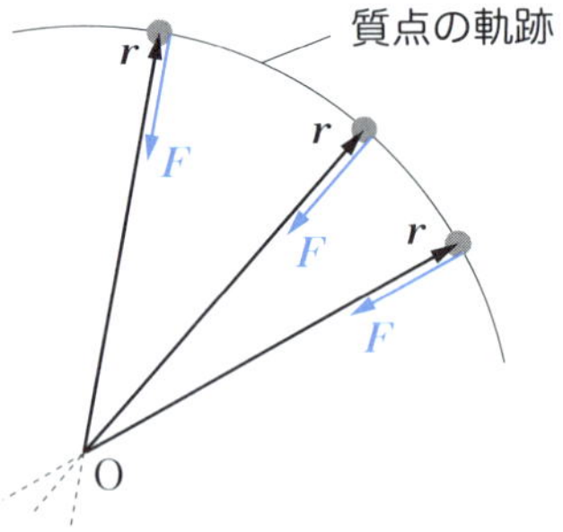

図 5－09　中心力

中心力がはたらく質点の運動では，位置ベクトル $\boldsymbol{r}$ と力 $\boldsymbol{F}$ は常に平行であるから，力のモーメントは0になる．すなわち，

$$\frac{\mathrm{d}\boldsymbol{L}}{\mathrm{d}t} = 0 \tag{5.33}$$

であり，角運動量は一定に保たれる．これを，角運動量保存則という．

3 中心力を受ける質点の運動方程式

図 5-10 のように中心力 $\boldsymbol{F}$ を受けて運動する質点に対して，極座標を適用してみよう．$\boldsymbol{e}_r$ 方向および $\boldsymbol{e}_\theta$ 方向の加速度は，式（5.10）より，

$$\boldsymbol{a}_r = \frac{\mathrm{d}^2 r}{\mathrm{d}t^2} - r\left(\frac{\mathrm{d}\theta}{\mathrm{d}t}\right)^2 \tag{5.34}$$

$$\boldsymbol{a}_\theta = \frac{1}{r}\frac{\mathrm{d}}{\mathrm{d}t}\left(r^2\frac{\mathrm{d}\theta}{\mathrm{d}t}\right) \tag{5.35}$$

であるから，それぞれの方向に対する運動方程式は，

$$m\left\{\frac{\mathrm{d}^2 r}{\mathrm{d}t^2} - r\left(\frac{\mathrm{d}\theta}{\mathrm{d}t}\right)^2\right\} = F \tag{5.36}$$

$$m\left\{\frac{1}{r}\frac{\mathrm{d}}{\mathrm{d}t}\left(r^2\frac{\mathrm{d}\theta}{\mathrm{d}t}\right)\right\} = 0 \tag{5.37}$$

となる．

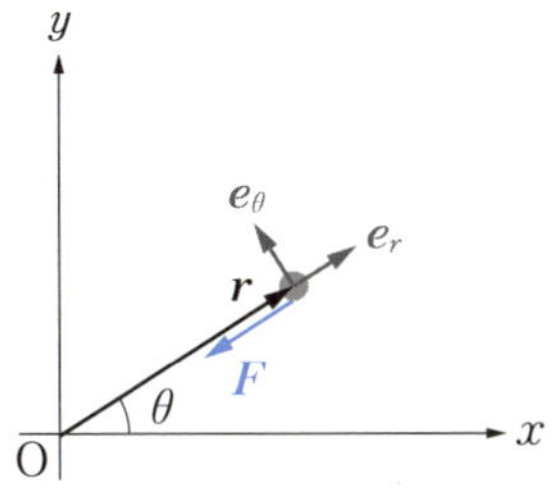

図 5－10　中心力を受ける質点

式(5.36)は半径方向の運動方程式であるが，式(5.37)は何を意味するのであろうか．図 5-10 より，質点の座標は

$$x = r\cos\theta, \qquad y = r\sin\theta \tag{5.38}$$

であり，x 軸および y 軸方向の速度成分は，

$$v_x = \frac{\mathrm{d}x}{\mathrm{d}t} = \frac{\mathrm{d}r}{\mathrm{d}t}\cos\theta - r\sin\theta\frac{\mathrm{d}\theta}{\mathrm{d}t} \tag{5.39}$$

$$v_y = \frac{\mathrm{d}y}{\mathrm{d}t} = \frac{\mathrm{d}r}{\mathrm{d}t}\sin\theta + r\cos\theta\frac{\mathrm{d}\theta}{\mathrm{d}t} \tag{5.40}$$

となる．

角運動量 L は，式(5.27)より，

$$L = xp_y - yp_x = xmv_y - ymv_x = mr^2\frac{\mathrm{d}\theta}{\mathrm{d}t} \tag{5.41}$$

となる．一方，式(5.14)より，

$$\frac{\mathrm{d}}{\mathrm{d}t}\left(r^2\frac{\mathrm{d}\theta}{\mathrm{d}t}\right) = 0$$

であるから，この式に m を掛けて，式(5.41)と比較すると，

$$\frac{\mathrm{d}}{\mathrm{d}t}\left(mr^2\frac{\mathrm{d}\theta}{\mathrm{d}t}\right) = \frac{\mathrm{d}}{\mathrm{d}t}L = 0 \tag{5.42}$$

となる．つまり，式(5.37)の運動方程式は，角運動量保存則を表す式になっている．

4 ケプラーの法則と万有引力

1 ケプラーの法則

古代から農夫たちは，作物の生育周期と収穫期に最適な時期を知るために，太陽や月，惑星の動きを観察してきた．**ケプラーの法則**は，惑星の運動に関する 3 つの法則で，天体物理学の分野でとくに重要である．この法則は季節の変化や太陽の日照時間や強度といった我々の生活とも密接に関わっているものであり，また，第 3 章でも述べた万有引力が法則全体を支配している．さらに，太陽や地球といった巨大な物体を質点と捉えて論じられている面からも興味深い．

ドイツの天文学者であるヨハネス・ケプラー（Johannes Kepler）は，ティコ・ブラーエ（Tycho Brahe）が 25 年間観測した惑星の運動に関するデータを細かく分析し，以下のような 3 つの法則を導いた．

> ケプラーの法則
> 第 1 法則：惑星は太陽を 1 つの焦点とする楕円軌道上を運行する．
> 第 2 法則：面積速度は一定である．
> 第 3 法則：公転周期の 2 乗は，軌道の長半径の 3 乗に比例する．

図 5-11 に第 1 法則，第 2 法則を示す．第 2 法則の**面積速度**とは，太陽と惑星を結ぶ線分が単位時間に掃過する面積である．

第 3 法則について，太陽系でのデータを表 5-01 に示す．

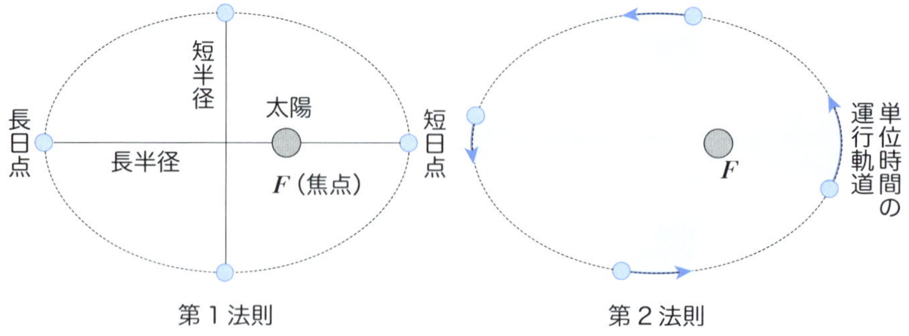

図 5－11　ケプラーの法則

表5-01　太陽系の惑星の長半径と公転周期

	長半径 a（天文単位）	公転周期 T（年）	T^2/a^3
水星	0.387	0.241	1.00
金星	0.387	0.615	1.00
地球	1	1	1
火星	1.52	1.88	1.00
木星	5.20	11.9	1.00

天文単位：地球と太陽との平均距離 149,597,870,700 m

2 万有引力の法則

ニュートンは，月が等速円運動すると近似して地球と月の間にはたらく引力の大きさ F を考えた．月までの距離を r，月の質量を m，月の角速度を $\omega\,(\mathrm{d}\theta/\mathrm{d}t)$ とすると，運動方程式から

$$F = mr\omega^2 \tag{5.43}$$

となる．引力が距離の 2 乗に反比例すると仮定し，r が地球の半径のおおよそ 60 倍であることから，重力加速度を g として，

$$F = \frac{mg}{(60)^2} \tag{5.44}$$

とした．式(5.43)，(5.44)より，月の公転周期 T は，

$$T = \frac{2\pi}{\omega} = 2\pi\cdot 60\sqrt{\frac{r}{g}} \tag{5.45}$$

となる．ここで，$r = 3.84\times 10^8$ m，$g = 9.80$ m/s^2 を代入すると，

$$T \fallingdotseq 2.36\times 10^6\ \mathrm{s} \fallingdotseq 27.3\ 日$$

となり，実際の月の公転周期とよく一致する．このようにして，ニュートンは，万有引力は距離の 2 乗に反比例する大きさをもつ**逆 2 乗の力**であることを見出した．

次に，ケプラーの第 3 法則から万有引力を導いてみよう．式(5.36)

$$m\left\{\frac{\mathrm{d}^2 r}{\mathrm{d}t^2} - r\left(\frac{\mathrm{d}\theta}{\mathrm{d}t}\right)^2\right\} = F$$

によって月が等速円運動すると考えると，半径 r は一定であり，したがって，

$$\frac{\mathrm{d}^2 r}{\mathrm{d}t^2} = 0$$

となり，

$$-mr\omega^2 = F \tag{5.46}$$

となる．ケプラーの第 3 法則より，公転周期を T，比例定数を k とすると，

$$T^2 = kr^3 \quad\Rightarrow\quad \left(\frac{2\pi}{\omega}\right)^2 = kr^3 \quad\Rightarrow\quad \omega^2 = \frac{4\pi^2}{kr^3}$$

さらにこれを式(5.46)に代入すると,

$$F = -\frac{4\pi^2}{k}\frac{m}{r^2} \tag{5.47}$$

となる. Fは円の中心に向かう力で, 作用・反作用の法則から, 月が地球を引く力も同じである. この力Fは, 地球の質量Mにも比例しなければならない. Gを万有引力定数とすると, 万有引力は,

$$F = -G\frac{Mm}{r^2} \qquad G = 6.67300 \times 10^{-11}\ \mathrm{m^3/kg \cdot s^2} \tag{5.48}$$

と書ける. つまり, 質量をもつ物体には互いに引き合う力(万有引力)が存在し, これは質量に比例して距離の2乗に反比例する.

3 面積速度一定

面積速度と運動方程式を比較して, 面積速度一定の法則を導き, その物理学的意味を考えてみよう.

図5-12のように, 質点がAからBまでの微小距離を移動する状況を考える. ∠AOB $= \mathrm{d}\theta$とすると, $\mathrm{d}\theta$は微小角であり, 塗りつぶし部の面積は△AOBの面積に近似できる.

$$\triangle\ \mathrm{AOB}\ の面積 \fallingdotseq \frac{1}{2}r \cdot r\mathrm{d}\theta = \frac{1}{2}r^2\mathrm{d}\theta \tag{5.49}$$

AからBまでの所要時間は$\mathrm{d}t$であるから, 面積速度Sは,

$$S = \frac{1}{2}r^2\frac{\mathrm{d}\theta}{\mathrm{d}t} \tag{5.50}$$

で与えられる. 運動方程式から得られる式(5.43)をもとに, Sを時間で微分すると,

$$\frac{\mathrm{d}}{\mathrm{d}t}S = \frac{\mathrm{d}}{\mathrm{d}t}\left(\frac{1}{2}r^2\frac{\mathrm{d}\theta}{\mathrm{d}t}\right) = 0 \tag{5.51}$$

となる. 面積速度の時間微分は0, すなわち, 面積速度は一定であることが導かれた. 式(5.51)は, 角運動量が保存されることを示している. 面積速度一定の法則は, 角運動量保存則と同じ意味をもつことがわかる.

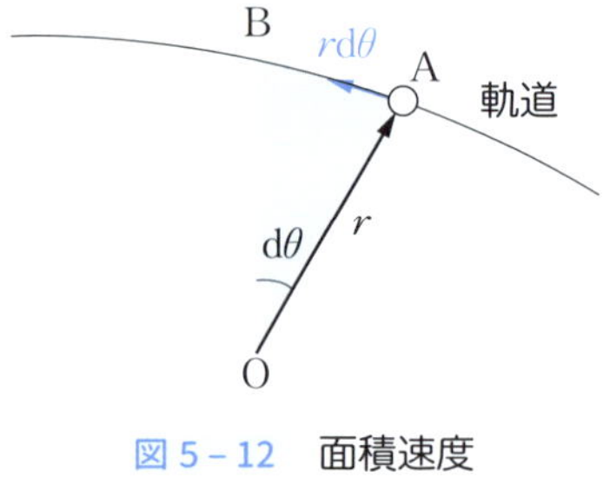

図5－12 面積速度

第5章 練習問題

5.1　極座標系における速度および加速度の成分を導出せよ．また，等速円運動における速度ベクトルおよび加速度ベクトルの性質についても考察せよ．

なお以下の手順に従って解答を進めること：

(1) 極座標系 (r, θ) における位置ベクトル $\boldsymbol{r}$ を定義する．

(2) 位置ベクトル $\boldsymbol{r}$ を時間で微分し，速度ベクトル $\boldsymbol{v}$ を求める．

(3) さらに速度ベクトル $\boldsymbol{v}$ を時間で微分し，加速度ベクトル $\boldsymbol{a}$ を求める．

(4) 求めた速度および加速度の各成分（半径方向および角度方向）を示せ．

(5) 等速円運動を仮定し，この場合の速度ベクトル $\boldsymbol{v}$ および加速度ベクトル $\boldsymbol{a}$ の向きと大きさがどのようになるか具体的に示し，ベクトルがどのように振る舞うかを説明せよ．

5.2　トラクターが畑で作業をしているとき，農機具に取りつけられた作業アームに力がかかっている．アームの長さが 2 m で，アームの先端に 100 N の力が垂直にかかっているとする．このとき，アームのつけ根に生じるモーメント（力のモーメント）の大きさを求めよ．また，この力のモーメントがトラクターの作業にどのような影響を与えるかを考察し，トラクターの安定性を保つためにどのような工夫が必要か説明せよ．

5.3　農場で大きな荷物を運ぶために，簡易的なレバー装置を設置した．この装置は，地面に固定された支点（ピボット）と，支点から左右に伸びた棒で構成されている．棒の長さはそれぞれ，左側が 4 m，右側が 2 m である．右側の先端に 200 N の荷物がかかっている場合，装置がつり合うために左側の先端にどれだけの力をかける必要があるか求めよ．

5.4　質量 m の物体が，半径 r の円軌道を等速 v で運動している．この運動は，中心 O からの中心力によって維持されているものとする．

(1) この物体の中心 O に対する角運動量 L を求めよ．また，角運動量が一定であることを説明せよ．

(2) 中心力 F が物体に与える影響を考察し，この中心力の大きさを求めよ．さらに，この力が物体の運動にどのような影響を与えているかを説明せよ．

(3) もし物体の速度が 2 倍になった場合，角運動量と中心力はどのように変化するかを考察せよ．

5.5　摩擦の無い水平な台上に質量 m の物体が置かれ，台にあけた小さな穴 O を通る糸に結びつけられている．物体に O を中心とする円運動をさせるには，円運動に必要な向心力にみあう張力で糸を下に引っ張っていなければならない．円軌道の半径は，糸を引く力によって，自由にかえられる．物体ははじめ半径 r_0 の円軌道を速さ v_0 で運動していた．糸を下方に引き，円軌道の半径を r にさげた．物体の速さ v と糸の張力を求めよ．

第5章 練習問題

5.6 地球のまわりを人工衛星が回っている.

(1) 人工衛星の軌道半径が倍になったときの周期を求めよ.

(2) 月の周期は 27 日, 周期 1 日で地球を回る人工衛星の軌道半径は, 月と地球の距離の何分の 1 か.

5.7 地球と太陽の距離を 1.5×10^{11} m, 公転周期を 365 日として, 万有引力, 向心力から太陽の質量を推定せよ.

5.8 地球上からロケットを発射して, 地球の引力圏から離脱するための発射速度を求めよ. 地球の自転速度と空気抵抗は無視する. 地球の半径は 6.37×10^{6} m, 質量は 5.97×10^{24} kg である.

第6章

質点系と剛体のふるまい

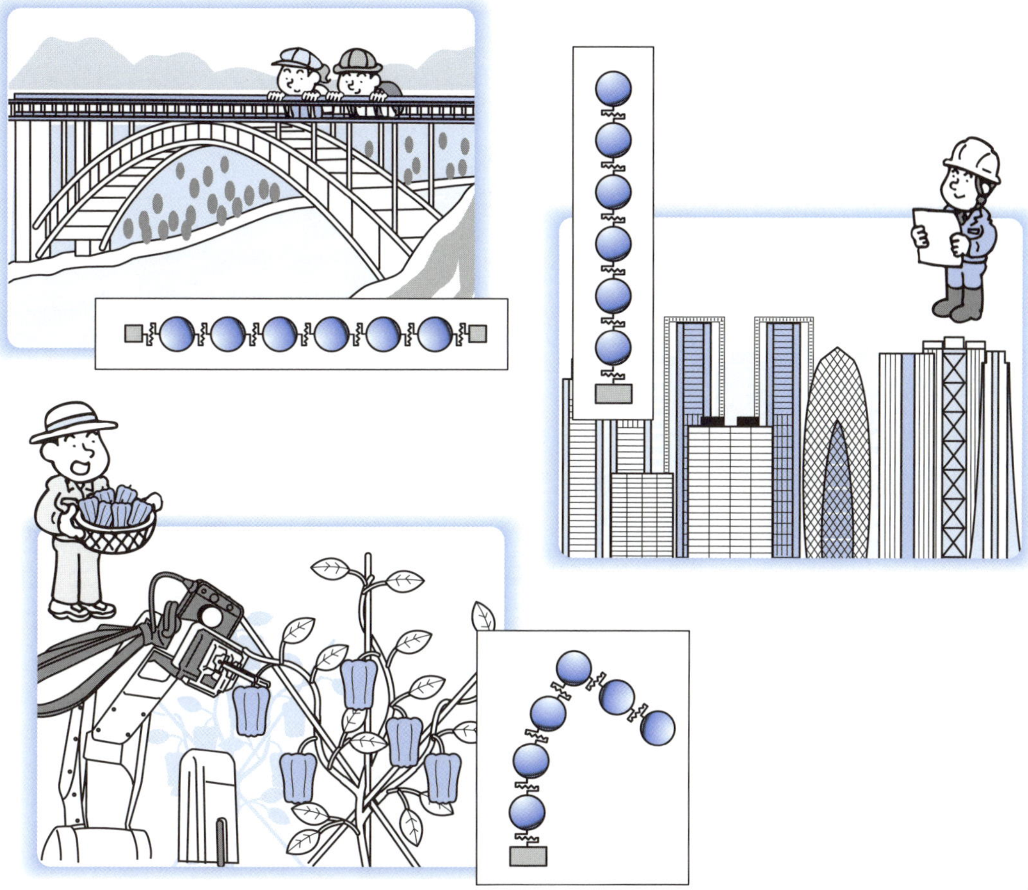

これまでは，質点の運動を中心に考えてきたが，前章で説明したケプラーの法則や万有引力は，太陽と惑星のように2つの質点間の運動についての問題であった．質点という考え方は，形や大きさがある現実の物体とはかけ離れているが，物体の運動現象を普遍的に表現するのには便利である．では，これを少しでも現実の物体のイメージに近づけるために，例えば，「形や大きさがある物体を，細かく分割して質点の集合体とみなす」という発想はどうであろうか?

本章では，複数の質点（これを，質点系と呼ぶ）のふるまいに着目して，運動現象を考える．質点系の概念を農学に適用することで，農業機械の動力学的分析，作物の成長に影響を与える力学的要因の理解，土壌と作物の相互作用の解析など，さまざまな面での理解が深まる．

また本章では，有限な大きさをもち，かつ外力が作用しても変形しない物体（剛体）の力学的なふるまいについても解説する．

1 質点系と剛体

質点系とは，互いに相互作用を及ぼす2つ以上の質点の集まりのことである．“系”とは，物理学や化学で用いられる概念であり，ものの集まりのことを指す．質点系は，離散型質点系と連続型質点系とに分けられる．離散型質点系では，複数の質点が原点Oから離散的に(すなわち空間的に引き離されて)分布している．N個の質点からなる離散型質点系をN質点系と呼ぶ(図6-01)．離散型質点系の代表例としては，太陽系が挙げられる．惑星や太陽を質点とみなすと，これらの質点同士に万有引力がはたらく．一方，連続型質点系とは，質点の分布が連続的である，いわゆる，固体や流体(液体と気体)のことである(図6-02)．

剛体は質量と形をもったものであり，力が作用しても変形しない．現実には，どんなに堅い物体であっても，力を加えればいくらかは変形するから，あくまで剛体とは理想上の概念である．

質点同士の相互作用を**内力**といい，万有引力や電気(磁気)力などの遠隔力のほか，衝突や接触などの近接力がある．個々の質点には，内力だけではなく，質点系の外部から**外力**が作用することもある．任意の2つの質点m_i，m_jの位置ベクトルを，それぞれ$\boldsymbol{r}_i$，$\boldsymbol{r}_j$で表し，それぞれの質点に作用する外力を$\boldsymbol{F}_i$，$\boldsymbol{F}_j$と書くことにする．また，質点jが質点iに及ぼす力を$\boldsymbol{F}_{j,i}$，そして質点iが質点jに及ぼす力を$\boldsymbol{F}_{i,j}$と書くことにする(図6-03)．$\boldsymbol{F}_{j,i}$，$\boldsymbol{F}_{i,j}$は内力である．

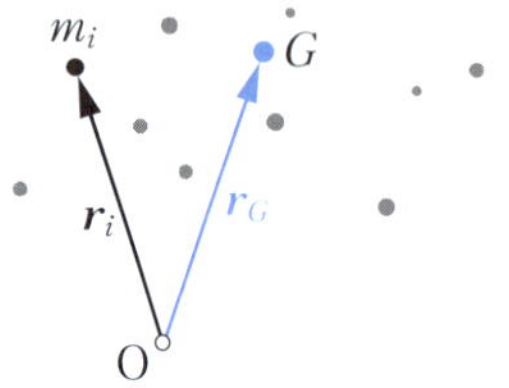

図6-01　離散型質点系（N質点系）

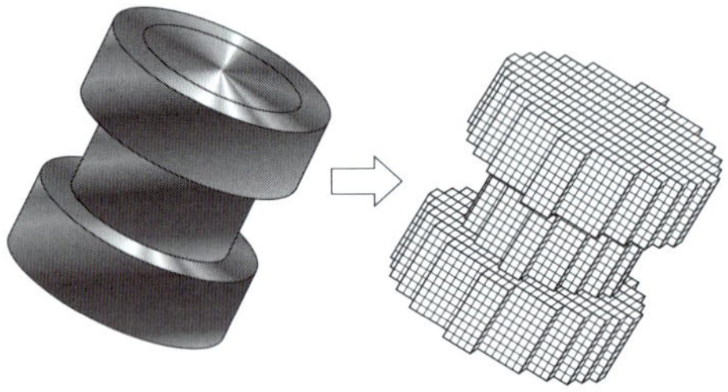

図6-02　連続型質点系（固体）

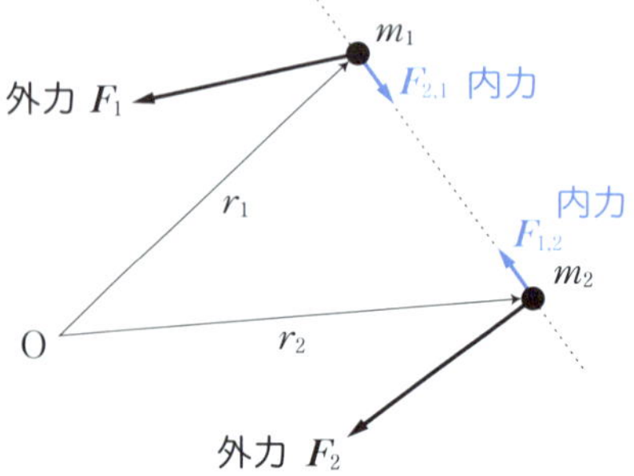

図6-03　2質点系に作用する内力と外力

2 重心

1 2つの質点の重心

図 6-04 (a) に示すように，軽い棒の両端 P，Q に質量 m_1，m_2 の小さな球をつける．このとき，棒を $m_2 : m_1$ に内分する点 G を何らかの方法で支えると，2 つの球にはたらく重力 $m_1 g$，$m_2 g$ の点 G に関するモーメント $N_1 = m_1 g \ell_1$ と $N_2 = m_2 g \ell_2$ とは等しく逆向きなので，つり合う．2 つの球の位置ベクトルを $\boldsymbol{r}_1 = (x_1, y_1, z_1)$，$\boldsymbol{r}_2 = (x_2, y_2, z_2)$ とすれば，点 G の位置ベクトル $\boldsymbol{R} = (X, Y, Z)$ は，

$$\boldsymbol{R} = \frac{m_1 \boldsymbol{r}_1 + m_2 \boldsymbol{r}_2}{m_1 + m_2} \tag{6.1}$$

であり，その座標は，

$$X = \frac{m_1 x_1 + m_2 x_2}{m_1 + m_2},\quad Y = \frac{m_1 y_1 + m_2 y_2}{m_1 + m_2},\quad Z = \frac{m_1 z_1 + m_2 z_2}{m_1 + m_2} \tag{6.2}$$

である．点 G が 2 つの質点を結ぶ線分を $m_2 : m_1$ に内分することは，

$$\begin{aligned} &\overrightarrow{\mathrm{GP}} = \boldsymbol{r}_1 - \boldsymbol{R} = \frac{m_2 \boldsymbol{r}}{m_1 + m_2},\quad \overrightarrow{\mathrm{QG}} = \boldsymbol{R} - \boldsymbol{r}_2 = \frac{m_1 \boldsymbol{r}}{m_1 + m_2} \\ &(\overrightarrow{\mathrm{QP}} = \boldsymbol{r} = \boldsymbol{r}_1 - \boldsymbol{r}_2) \end{aligned} \tag{6.3}$$

であることから導かれる (図 6-04 (b))．

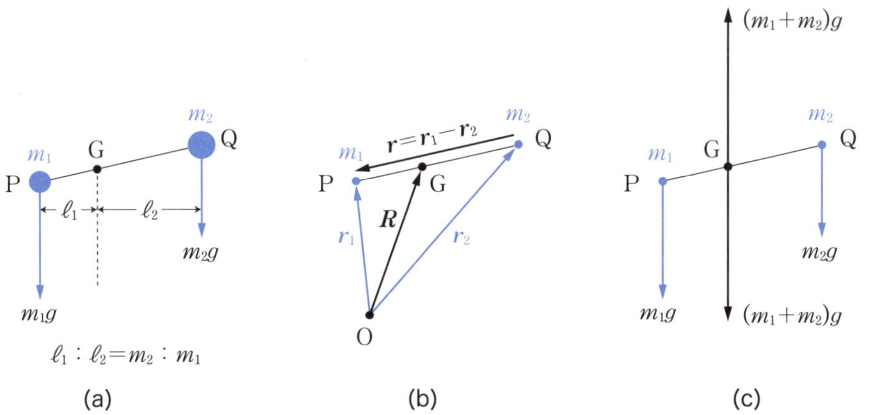

図 6－04 2 つの質点の重心の求め方

図 6-04 の棒の点 G に鉛直上向きの力 $(m_1 + m_2)g$ を加えると，この力は 2 つの質点にはたらく重力 $m_1 g$，$m_2 g$ につり合う (図 6-04 (c))．この力をこの系に対する**重力の合力**と呼び，点 G のような重力の合力の作用点を**重心**と呼ぶ．重心は質量の中心と一致する．

2 3個以上の質点から成り立つ質点系や剛体の重心

質量 m_1，m_2，m_3，…… の質点が点 $\boldsymbol{r}_1 = (x_1, y_1, z_1)$，$\boldsymbol{r}_2 = (x_2, y_2, z_2)$，$\boldsymbol{r}_3 = (x_3, y_3, z_3)$，…… にある場合には，位置ベクトル $\boldsymbol{R} = (X, Y, Z)$ が，

$$\boldsymbol{R} = \frac{m_1\boldsymbol{r}_1 + m_2\boldsymbol{r}_2 + m_3\boldsymbol{r}_3 + \cdots}{M} \tag{6.4}$$

の点，すなわち位置座標が，

$$X = \frac{m_1x_1 + m_2x_2 + m_3x_3 + \cdots}{M},\quad Y = \frac{m_1y_1 + m_2y_2 + m_3y_3 + \cdots}{M},\quad Z = \frac{m_1z_1 + m_2z_2 + m_3z_3 + \cdots}{M} \tag{6.5}$$

の点を，この質点系の重心という．上の式で M は系の全質量，

$$M = m_1 + m_2 + m_3 + \cdots \tag{6.6}$$

である．

別の見方をすると，この定理は，連続物体を N 個の部分に分割する場合へと発展させられる．すなわち，N 個ある分割領域のそれぞれの重心に，その分割領域の質量を集中させることで，N 質点系をつくると，その重心が連続物体の重心となる (図 6-05)．

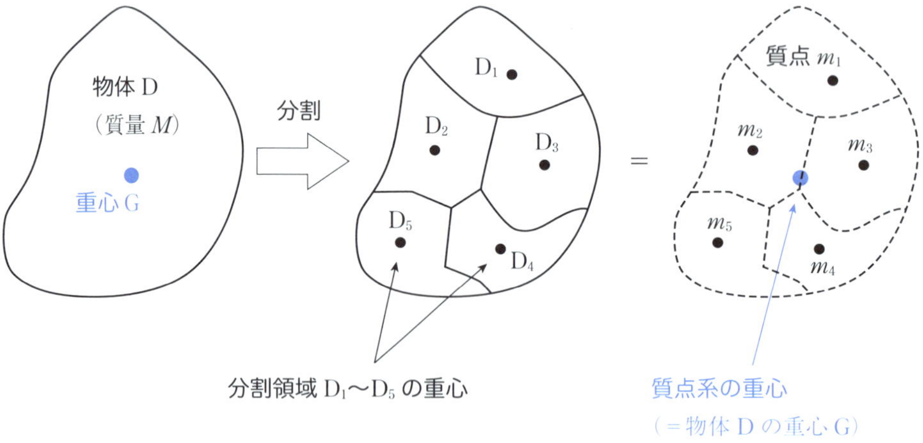

図 6－05　連続物体 D の重心 G の求め方

まず，D を複数の領域に分割し，それぞれの分割領域で重心を求める．
このようにして得られる質点系の重心が連続物体 D の重心となっている．

3 質点系の運動と保存則

1 質点系の運動方程式

2質点系のふるまいを考える．質量 m_1 の質点1に作用する力は，外力 $\boldsymbol{F}_1$ のほか，質量 m_2 の質点2から受ける内力 $\boldsymbol{F}_{2,1}$ の2つである．一方，質点2には，外力 $\boldsymbol{F}_2$ と内力 $\boldsymbol{F}_{1,2}$ が作用する（図6-03）．したがって質点1，2は，以下のそれぞれの運動方程式に従うことになる．

$$質点1：m_1\frac{\mathrm{d}^2\boldsymbol{r}_1}{\mathrm{d}t^2}=\boldsymbol{F}_1+\boldsymbol{F}_{2,1}\qquad 質点2：m_2\frac{\mathrm{d}^2\boldsymbol{r}_2}{\mathrm{d}t^2}=\boldsymbol{F}_2+\boldsymbol{F}_{1,2}\tag{6.7}$$

作用・反作用の法則により $\boldsymbol{F}_{2,1}+\boldsymbol{F}_{1,2}=\boldsymbol{0}$ である．このことから，上の2つの式は以下のようにまとめられる．

$$\frac{\mathrm{d}^2}{\mathrm{d}t^2}(m_1\boldsymbol{r}_1+m_2\boldsymbol{r}_2)=\boldsymbol{F}_1+\boldsymbol{F}_2(=\boldsymbol{F})\tag{6.8}$$

$\boldsymbol{F}$ は2質点系に作用する外力の総和である．質量の総和 (m_1+m_2) を M，$\boldsymbol{r}_\mathrm{G}$ を2質点系の重心の位置ベクトルとすると，$m_1\boldsymbol{r}_1+m_2\boldsymbol{r}_2=M\boldsymbol{r}_\mathrm{G}$ が導かれる．すると上式は，

$$M\frac{\mathrm{d}^2}{\mathrm{d}t^2}\boldsymbol{r}_\mathrm{G}=\boldsymbol{F}\tag{6.9}$$

と書き換えられる．すなわち質点系の重心の運動は，外力 $\boldsymbol{F}$ の作用によって運動する質量 M の一質点の運動と等価である．

内力 $\boldsymbol{F}_{2,1}$，$\boldsymbol{F}_{1,2}$ は重心の運動に影響しない．さらに外力が存在しないならば（$\boldsymbol{F}=\boldsymbol{0}$ ならば），重心等速直線運動または静止している．

N 質点系や剛体（連続物体）の場合でも，式(6.9)と同じ形の運動方程式が得られる．この場合 $\boldsymbol{r}_\mathrm{G}$ は，N 質点系あるいは剛体の質量中心であり，$\boldsymbol{F}$ は作用外力の総計である．

2 質点系の運動量とその保存

2質点系を構成する各質点の運動量を $\boldsymbol{p}_1$，$\boldsymbol{p}_2$ とするとき，$\boldsymbol{P}=\boldsymbol{p}_1+\boldsymbol{p}_2$ で定義される $\boldsymbol{P}$ を，2質点系の**全運動量**と呼ぶことにする．$\boldsymbol{p}_1=m_1\boldsymbol{v}_1$，$\boldsymbol{p}_2=m_2\boldsymbol{v}_2$ だから，$\boldsymbol{P}=m_1\boldsymbol{v}_1+m_2\boldsymbol{v}_2$ である．

重心の速度ベクトルを $\boldsymbol{v}_\mathrm{G}$ で表すと，運動方程式(6.9)は，

$$\frac{\mathrm{d}}{\mathrm{d}t}M\boldsymbol{v}_\mathrm{G}=\boldsymbol{F}\tag{6.10}$$

となる．$M\boldsymbol{v}_\mathrm{G}$ は重心の運動量 $\boldsymbol{P}_\mathrm{G}$ である．

式(6.4)より，$m_1\boldsymbol{r}_1+m_2\boldsymbol{r}_2=M\boldsymbol{r}_{\mathrm{G}}$であり，両辺を時間$t$で微分すれば

$$m_1\boldsymbol{v}_1+m_2\boldsymbol{v}_2=M\boldsymbol{v}_{\mathrm{G}} \tag{6.11}$$

となる．これより，質点系の全運動量$\boldsymbol{P}$は重心の運動量$\boldsymbol{P}_{\mathrm{G}}$に一致することがわかる．

質点系に外力が作用しないとき(すなわち$\boldsymbol{F}_1=\boldsymbol{F}_2=\boldsymbol{0}$のとき)，式(6.10)と$\boldsymbol{P}=\boldsymbol{P}_{\mathrm{G}}$から，

$$\frac{\mathrm{d}}{\mathrm{d}t}\boldsymbol{P}=0 \tag{6.12}$$

外力がはたらかない質点系では，全運動量$\boldsymbol{P}$は一定となる．これを，質点系における**運動量保存の法則**という．2質点系に限らず，N質点系や剛体においても成り立つ．

3 質点系のモーメント

2質点系に作用する外力と内力の，原点Oに関する全モーメントは，位置ベクトルと外力，内力との関係から，

$$\boldsymbol{N}=\boldsymbol{N}_1+\boldsymbol{N}_2=\boldsymbol{r}_1\times(\boldsymbol{F}_1+\boldsymbol{F}_{2,1})+\boldsymbol{r}_2\times(\boldsymbol{F}_2+\boldsymbol{F}_{1,2}) \tag{6.13}$$

と計算される．内力については$\boldsymbol{F}_{1,2}=-\boldsymbol{F}_{2,1}$であることにより(作用・反作用の法則)，上式は，$\boldsymbol{N}=\boldsymbol{r}_1\times\boldsymbol{F}_1+\boldsymbol{r}_2\times\boldsymbol{F}_2+(\boldsymbol{r}_1-\boldsymbol{r}_2)\times\boldsymbol{F}_{2,1}$となるが，$\boldsymbol{r}=\boldsymbol{r}_1-\boldsymbol{r}_2$と$\boldsymbol{F}_{2,1}$とは平行なので，内力$\boldsymbol{F}_{2,1}$が関わるベクトル積(付録参照)の項はゼロとなる(図6-03参照)．このように，2質点系に作用する力の原点Oに関する全モーメントは，個々の質点に作用する外力のモーメントの和として，

$$\boldsymbol{N}=\boldsymbol{r}_1\times\boldsymbol{F}_1+\boldsymbol{r}_2\times\boldsymbol{F}_2 \tag{6.14}$$

で与えられる．すなわち，原点Oに関する全モーメントは外力のモーメントの総和となる．このことは，N質点系や剛体の場合にも拡張できる．

4 質点系の角運動量とその保存

質点1と質点2の(原点Oに関する)角運動量をそれぞれ$\boldsymbol{L}_1$，$\boldsymbol{L}_2$と書くと，

$$\boldsymbol{L}_1=\boldsymbol{r}_1\times m_1\boldsymbol{v}_1,\qquad \boldsymbol{L}_2=\boldsymbol{r}_2\times m_2\boldsymbol{v}_2 \tag{6.15}$$

である．原点Oに関する質点系の全角運動量$\boldsymbol{L}$を$\boldsymbol{L}=\boldsymbol{L}_1+\boldsymbol{L}_2$で定義すると，

$$\boldsymbol{L}=\boldsymbol{r}_1\times m_1\boldsymbol{v}_1+\boldsymbol{r}_2\times m_2\boldsymbol{v}_2 \tag{6.16}$$

となる．

N質点系については，原点Oに関する全角運動量$\boldsymbol{L}$を，

$$\boldsymbol{L}=\boldsymbol{L}_1+\boldsymbol{L}_2+\cdots+\boldsymbol{L}_N=\sum_{i=1}^{N}\boldsymbol{r}_i\times m_i\boldsymbol{v}_i \tag{6.17}$$

によって定義すればよい．

ここでは，2 質点系の全角運動量 $\boldsymbol{L}$ が，どのような場合に保存されるのかについて考えてみよう．それぞれの質点の角運動量 $\boldsymbol{L}_1$，$\boldsymbol{L}_2$ を時間 t で微分する．例えば質点 1 については

$$\frac{\mathrm{d}\boldsymbol{L}_1}{\mathrm{d}t} = \frac{\mathrm{d}\boldsymbol{r}_1}{\mathrm{d}t} \times m_1\boldsymbol{v}_1 + \boldsymbol{r}_1 \times m_1\frac{\mathrm{d}}{\mathrm{d}t}\boldsymbol{v}_1 \tag{6.18}$$

となるが，$\mathrm{d}\boldsymbol{r}_1/\mathrm{d}t = \boldsymbol{v}_1$ だから右辺第 1 項は大きさゼロのベクトルである（ベクトル積の概念より）．なお，右辺第 2 項 $m_1\mathrm{d}\boldsymbol{v}_1/\mathrm{d}t$ は質点 1 に作用する力 $(\boldsymbol{F}_1 + \boldsymbol{F}_{2,1})$ である．質点 1，2 それぞれについての角運動量の，時間による導関数は，

$$\frac{\mathrm{d}\boldsymbol{L}_1}{\mathrm{d}t} = \boldsymbol{r}_1 \times (\boldsymbol{F}_1 + \boldsymbol{F}_{2,1}) \ , \ \frac{\mathrm{d}\boldsymbol{L}_2}{\mathrm{d}t} = \boldsymbol{r}_2 \times (\boldsymbol{F}_2 + \boldsymbol{F}_{1,2}) \tag{6.19}$$

となる．したがって，質点系全体の角運動量 $\boldsymbol{L}$ の時間による導関数は，

$$\frac{\mathrm{d}\boldsymbol{L}}{\mathrm{d}t} = \frac{\mathrm{d}\boldsymbol{L}_1}{\mathrm{d}t} + \frac{\mathrm{d}\boldsymbol{L}_2}{\mathrm{d}t} = \boldsymbol{r}_1 \times (\boldsymbol{F}_1 + \boldsymbol{F}_{2,1}) + \boldsymbol{r}_2 \times (\boldsymbol{F}_2 + \boldsymbol{F}_{1,2}) \tag{6.20}$$

となるが，さらに $\boldsymbol{F}_{2,1} + \boldsymbol{F}_{1,2} = 0$（内力のつり合い）を考慮して上式を変形すれば，

$$\frac{\mathrm{d}\boldsymbol{L}}{\mathrm{d}t} = \boldsymbol{r}_1 \times \boldsymbol{F}_1 + \boldsymbol{r}_2 \times \boldsymbol{F}_2 + (\boldsymbol{r}_1 - \boldsymbol{r}_2) \times \boldsymbol{F}_{2,1} \tag{6.21}$$

となる．$\boldsymbol{r} = \boldsymbol{r}_1 - \boldsymbol{r}_2$ と $\boldsymbol{F}_{2,1}$（あるいは $\boldsymbol{F}_{1,2}$）とは同一直線上に存在するため上式右辺の第 3 項は大きさゼロのベクトルとなる．さらに式 (6.14) から，上式は，

$$\frac{\mathrm{d}\boldsymbol{L}}{\mathrm{d}t} = \boldsymbol{r}_1 \times \boldsymbol{F}_1 + \boldsymbol{r}_2 \times \boldsymbol{F}_2 = \boldsymbol{N}_1 + \boldsymbol{N}_2 = \boldsymbol{N} \tag{6.22}$$

となる．このことから，2 質点系全体の角運動量の時間による導関数は，各質点に作用する外力のモーメントの総和 $\boldsymbol{N}$ であり，その値は内力の影響を受けない．外力が存在しなければ，上式の右辺は大きさゼロのベクトルとなり，このことから原点 O に関する 2 質点系の角運動量の総和は，一定の値をとることになる．これを**角運動量保存の法則**という．

N 質点系では，各質点 1，2，……，N に，力 $\boldsymbol{F}_1$，$\boldsymbol{F}_2$，……，$\boldsymbol{F}_N$ のそれぞれが作用するため，式 (6.22) は，

$$\frac{\mathrm{d}\boldsymbol{L}}{\mathrm{d}t} = \boldsymbol{r}_1 \times \boldsymbol{F}_1 + \boldsymbol{r}_2 \times \boldsymbol{F}_2 + \cdots + \boldsymbol{r}_N \times \boldsymbol{F}_N = \boldsymbol{N} \tag{6.23}$$

となる．剛体についても，これを多数の質点の集まりと考えれば，同じ式が成り立つ．

4 剛体の運動

1 剛体の並進運動と回転運動

バットで打ち返されて放物線を描きながら飛行するボールをイメージしてほしい．その軌道を解析するためには，ボールを質点系（質量 M，速度 $\boldsymbol{v}_{\mathrm{G}}$）とみなし，これにニュートンの運動方程式を適用する．このようにして解析される重心の運動を，**剛体の並進運動**という．

$$\frac{\mathrm{d}}{\mathrm{d}t}M\boldsymbol{v}_{\mathrm{G}} = \boldsymbol{F} \tag{6.24}$$

であり，その運動エネルギー K_T は，

$$K_T = \frac{1}{2}M\boldsymbol{v}_{\mathrm{G}}^2 \tag{6.25}$$

となる．

ところが，実際のボールは回転しながら飛行するのである（図 6-06）．大きさや形状が定まっている物体の運動では，重心の並進運動だけではなく，**回転運動**も考慮しなければならない．回転の状態は，角運動量と力のモーメントの関係の式（6.26）

$$\frac{\mathrm{d}\boldsymbol{L}'}{\mathrm{d}t} = \boldsymbol{N}' \tag{6.26}$$

を満たす．この式は質点系一般についてのものであり，これを導出する際には，各質点の位置ベクトルとして，重心を基準とする相対位置ベクトルを用いる．ベクトル量にプライム（′）がついているのは，そのためである．

図 6－06　バットで打ち返されたボールの動き

2 固定軸まわりに回転する剛体の運動エネルギーと角運動量

ここでは，式(6.26)に相当する式が，**剛体の回転運動**ではどのように表されるかを考えてみよう．空間に固定された軸まわりに，剛体が角速度 ω で回転している様子を想定する(図 6-07)．剛体を n 個の微小部分に分ける．i 番目の微小部分について，その質量を Δm_i，固定された回転軸からの垂直距離を r_i とすると，微小部分は，半径 r_i，角速度 ω の円運動をするので，運動エネルギー K_i は，

$$K_i = \frac{1}{2}\Delta m_i v_i^2 = \frac{1}{2}\Delta m_i (\Delta r_i \omega)^2 = \frac{1}{2}\Delta m_i r_i^2 \omega^2 \qquad (6.27)$$

となる．どの微小要素も固定軸まわりを角速度 ω で円運動するので，K_i をすべての i について足し合わせることで，固定軸まわりに回転する剛体の運動エネルギー K_R が求められる．

$$K_R = \sum K_i = \frac{1}{2}\{\sum \Delta m_i r_i^2\}\omega^2 = \frac{1}{2} I \omega^2 \qquad (6.28)$$

となる．ここで，

$$I \equiv \sum \Delta m_i r_i^2 \qquad (6.29)$$

で定義される I を，剛体の**固定軸まわりの慣性モーメント**という．この式から明らかなように，質量が大きいほど，また回転半径が大きいほど，慣性モーメントは大きくなる．

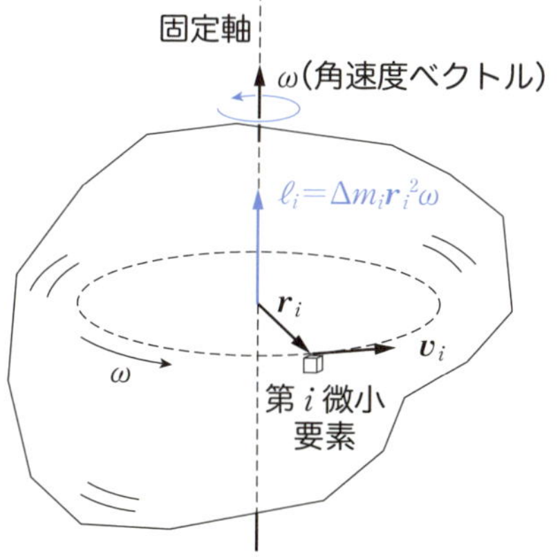

図 6－07　固定軸まわりに回転する剛体と，角速度ベクトル

微小要素 m_i の速度 v_i と固定軸からの動径は直交するから，固定軸に関する微小要素 i の角運動量の大きさ ℓ_i は，

$$\ell_i = r_i \Delta m_i v_i = r_i \Delta m_i r_i \omega = \Delta m_i r_i^2 \omega \qquad (6.30)$$

で与えられる．r_i は固定軸から見て放射方向に向いており，v_i は回転する微小要素の円周の接線方向を向く．ベクトルとしての微少要素 i の角運動量は，その位置ベクトルに速度ベクトルを外積させることによって得られるから，結局，固定軸の方向を向くことになる．すると，固定軸まわりに回転する**剛体の角運動量** $\boldsymbol{L}$ とその大きさ L は，

$$\boldsymbol{L} = \sum \boldsymbol{\ell}_i = \left\{\sum (\Delta m_i r_i^2)\right\}\boldsymbol{\omega},\quad L = \sum \ell_i = \left\{\sum (\Delta m_i r_i^2)\right\}\omega \tag{6.31}$$

となる．$\boldsymbol{\omega}$ は，大きさが ω（回転角速度）で，円周軌道に垂直な方向を向くベクトルである．これを角速度ベクトルという．回転する微小要素の速度 $\boldsymbol{v}_i$ との間に，$\boldsymbol{v}_i = \boldsymbol{\omega} \times \boldsymbol{r}_i$ の関係がある（図 6-07）．また，

$$\boldsymbol{\ell}_i = \boldsymbol{r}_i \times \Delta m_i \boldsymbol{v}_i = \boldsymbol{r}_i \times \Delta m_i(\boldsymbol{\omega} \times \boldsymbol{r}_i) = \Delta m_i\, r_i^2 \boldsymbol{\omega} \tag{6.32}$$

である．固定軸まわりの慣性モーメント I を考慮すれば，式（6.31）は，

$$\boldsymbol{L} = I\boldsymbol{\omega} \tag{6.33}$$

と表される．

角運動量と力のモーメントの関係（$\mathrm{d}\boldsymbol{L}/\mathrm{d}t = \boldsymbol{N}$）を考慮すると

$$\frac{\mathrm{d}\boldsymbol{L}}{\mathrm{d}t} = \boldsymbol{N} = I\frac{\mathrm{d}\boldsymbol{\omega}}{\mathrm{d}t} \tag{6.34}$$

となる．

3 剛体の並進運動と固定軸まわりの回転運動との類似性

ここまでに，剛体の運動を，並進運動と固定軸まわりの回転運動に分けて解説してきた．両者を以下のように比較してみよう．ただし，ここでは表記を簡単にするため，並進運動については x 軸上の 1 次元運動とし，回転運動については回転軸を z 軸に固定して考える．

(1) 運動方程式

$$m\frac{\mathrm{d}v}{\mathrm{d}t} = F \text{（並進運動）}\qquad I_z\frac{\mathrm{d}\omega}{\mathrm{d}t} = N_z \text{（回転運動）}$$

対応関係は，m（慣性質量）⇔ I_z（慣性モーメント）

v（並進速度）⇔ ω（回転角速度）

F（作用外力）⇔ N_z（トルク）

(2) 運動エネルギー

$$K_T = \frac{1}{2}mv^2 \text{（並進運動）}\qquad K_R = \frac{1}{2}I_z\omega^2 \text{（回転運動）}$$

対応関係は，m（慣性質量）⇔ I_z（慣性モーメント）

v（並進速度）⇔ ω（回転角速度）

剛体全体の運動エネルギー K は，K_T と K_R との和となっている．

(3) 運動量と角運動量

$$p = mv \text{（並進運動）}\qquad L_z = I_z\omega \text{（回転運動）}$$

対応関係は，p（並進運動量）⇔ L_z（回転の角運動量）

m（慣性質量）⇔ I_z（慣性モーメント）

v（並進速度）⇔ ω（回転角速度）

第6章 練習問題

6.1　材質の一様な半径 R の半球の重心を求めよ．

6.2　図に示す平板状領域D（青色の図形）の質量中心を求めよ．ただし，この平板状領域の厚さは単位厚さであり，密度は一様（ρ）であるとする．

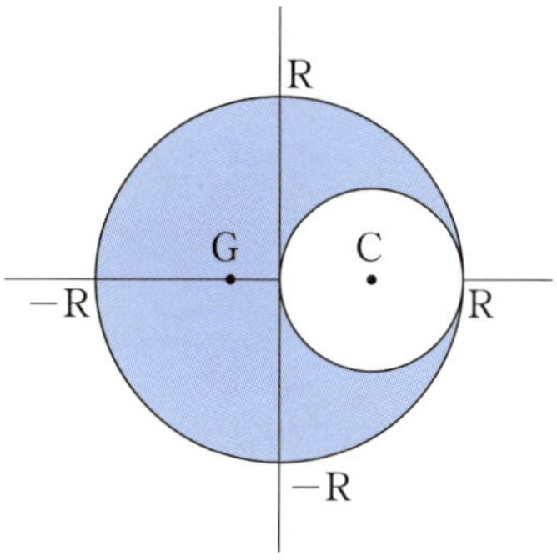

6.3　図のボートの最後部にいる質量が 30 kg の少年が，前後対称で質量 100 kg のボートの最先端まで歩いた．ボートに対する水の抵抗力は無視できるものとする．

(1) 少年とボートの重心はどこにあるか．

(2) ボートの最後部の乗り場の間隔は何 m になるか．

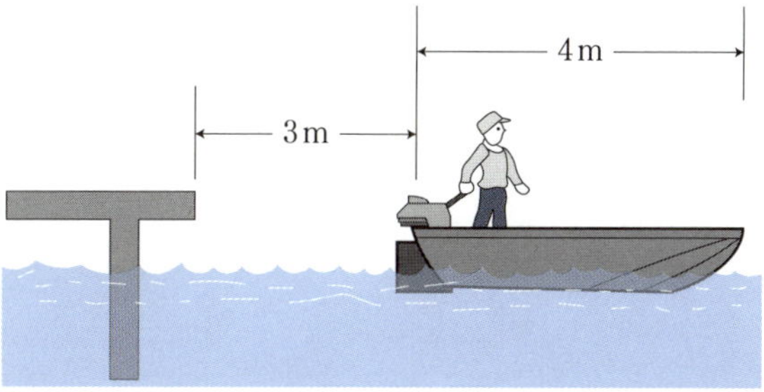

6.4　質量 m の棒（長さ L）が，次の2つの軸を中心にして回転する場合の慣性モーメントをそれぞれ求めよ．

(1) 棒の中心を通る軸まわりの慣性モーメント I_{center} を求めよ．

(2) 棒の端を通る軸まわりの慣性モーメント I_{end} を求めよ．

(3) 棒の質量を $m=2$ kg 長さを $L=1$ m として，実際に (1) および (2) の慣性モーメントを計算せよ．

6.5　次の剛体の慣性モーメントを求めよ．

(1) 剛体 (a) 質量 M，半径 R の円環（回転軸：円の中心を通り，円に垂直な軸）

(2) 剛体 (b) 質量 M，長さ L の細い棒（回転軸：棒の中心を通り棒に垂直な軸）

(3) 剛体 (b) 質量 M，長さ L の細い棒（回転軸：棒の端を通り棒に垂直な軸）

(4) 剛体 (c) 質量 M，半径 R，長さ L の円柱（回転軸：円柱の中心軸）

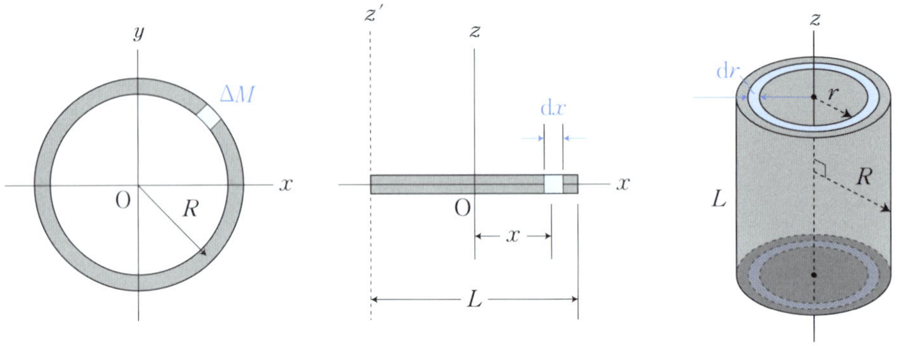

(a)　　　(b)　　　(c)

6.6　ジュースの入った缶，中のジュースを凍らせた缶，空の缶の 3 つを斜面の上から静かに転がすと，どのビール缶がもっとも早く斜面を転がり落ちるか．缶の形状はすべて同じとする．

6.7　半径 1 m，高さ 1 m の鉄製（比重 8 g/cm^3）の円柱が中心軸のまわりを毎分 600 回転している．回転による運動エネルギーを求めよ．

第7章
固体の変形

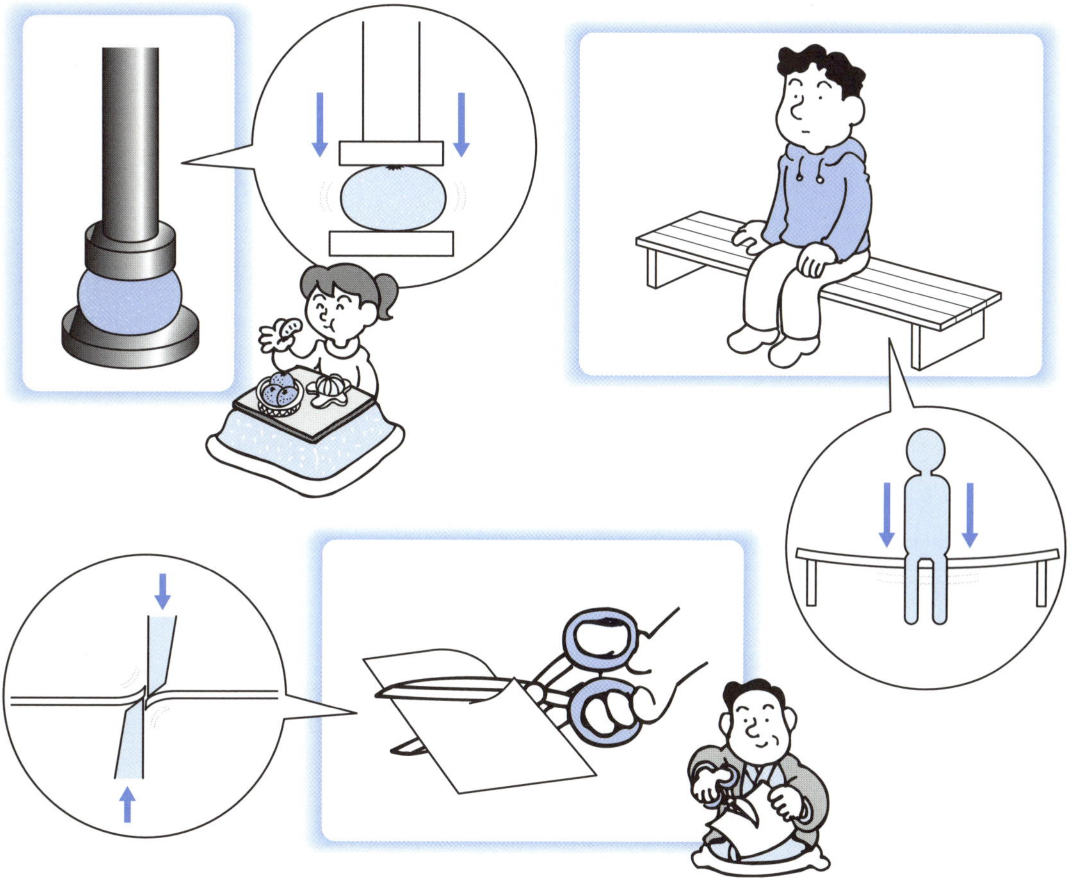

質点系の力学では，物体は剛体と仮定して考えてきた．その理由は，物理学的な扱いが簡単であることと，一連の計算結果が実際の運動をよく表現できるからであった．しかし，実際には物体は外力を受けると変形する．農学や生命科学の分野で扱う動植物の諸器官は，一般には柔らかな物体であり，力が加わると比較的大きく変形し，物体がもともともっている強さや変形の許容量を超えると壊れてしまう．運動中の骨折などはその典型である．また，食品はその柔らかさが食感に大きく影響するため，材質の力学的特性を調べることは食品工学上重要な問題である．

この章では，外力を受けた物体の変形に関する力学の基本について学ぶ．

1 弾性と塑性

外力を取り去ったときに，完全に元の形・大きさに戻る性質を**弾性**といい，このような性質をもつ物体を**弾性体**という．例えば，ゴム，鉄，木材，水，空気などは弾性体である．ゴムは顕著な弾性を示すが，金属材料などは変形が極めて小さいので一見弾性を認めにくい．しかし，弾性という性質があるから，金属製のばねが伸び縮みするのである．また，水や空気のように流動性を示す物体（流体）の音の媒質としての性質は，体積に対して弾性をもつことに原因する．

一方，外力を取り除いても元の状態に戻らず，変形したままの状態を示す性質を**塑性**という．粘土やチューインガムなどがこれにあたる．

弾性体であっても外力あるいは変形がある限界を超えると，外力を取り除いても元の状態に戻ろうとする性質が弱くなり，弾性を失って塑性を示すようになる（金属のプレス加工や圧延加工によって自動車のボディや板材がつくられる）．

ここでは，固体の弾性について考えるが，物体内の方向によって性質が変化しないことを**等方性**といい，方向によって性質が異なることを**異方性**という．また，物体の内部に空孔，き裂，欠陥および異物質などのないことを物体が**連続**であるという．以下，等方性，均質性，連続性を有する物体を対象として考えていこう．

2 応 力

物体に外力，すなわち荷重が加わると，物体内部の任意の断面には内力が発生する．断面が一様な棒（断面積 $=A$）の両端に，軸方向に沿って引張荷重（または圧縮荷重）Pが作用している場合を考える（図 7-01）．この棒の任意の位置における内力を考える．物体が平衡状態にあれば，この内力は外力とつり合う．つまり，この断面では外力Pとつり合う内力Pが生じている．単位面積当たりの内力はX-X断面で一様に分布しており，これを**応力**という．応力は式（7.1）で表され，その単位はMPa（メガパスカル）または$\mathrm{N/mm^2}$である．

$$\sigma = \frac{P}{A} \tag{7.1}$$

図 7-01 のような応力を**引張応力**，図 7-02 のような応力を**圧縮応力**という．また，これらを合わせて**垂直応力**という．なお，引張応力は正（+），圧縮応力は負（−）として扱うのが一般的である．

図 7-03 に示すように断面積が変化する場合には，式（7.1）で与えられた応力は式（7.2）のような一般式で表される．このとき，$A(x)$ は棒の断面 X-X の面積である．

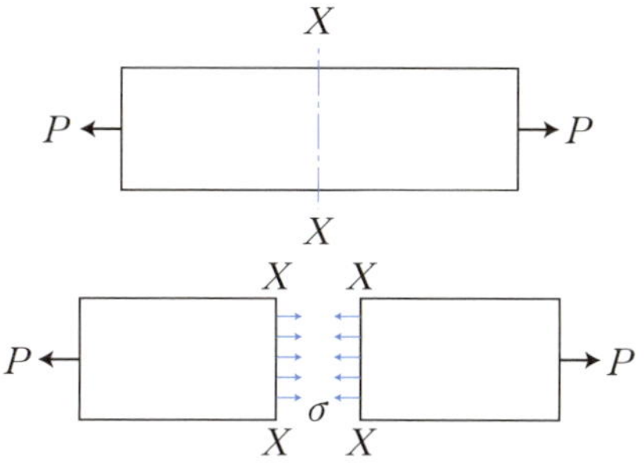

図 7-01　引張応力

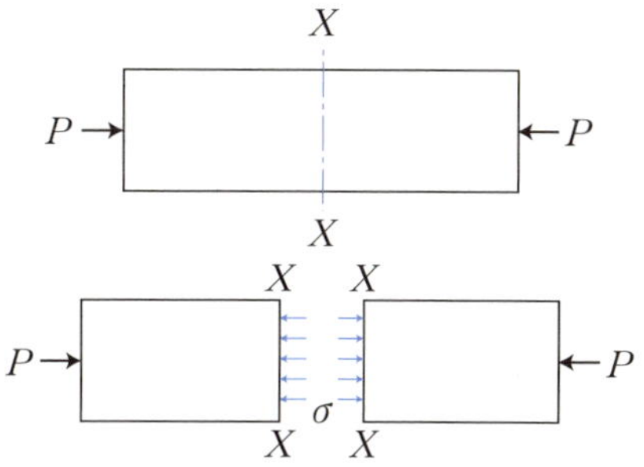

図 7-02　圧縮応力

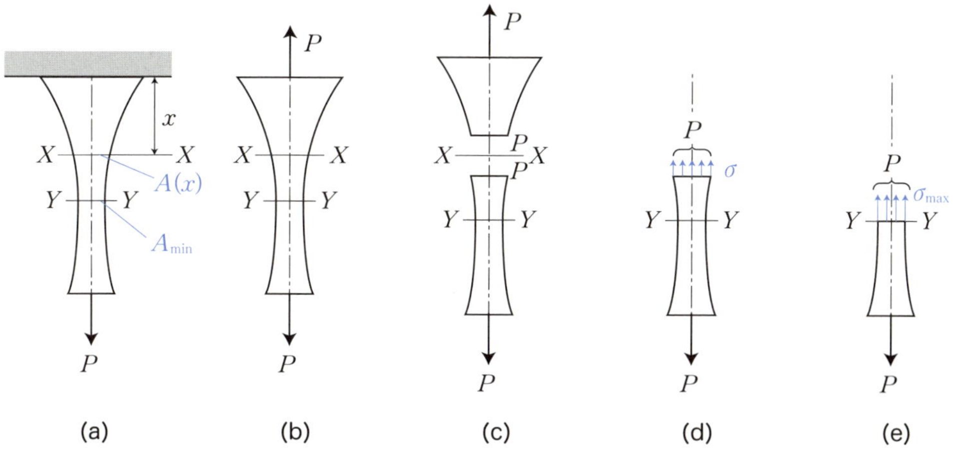

図 7-03　いろいろな断面の応力

$$\sigma = \frac{P}{A(x)} \tag{7.2}$$

荷重 P はどの位置（断面）においても一定であるので，断面積が減少すれば応力は増大する．したがって，この棒の最小断面積（A_{min}）のところで生ずる応力が棒全体で最大となり，式(7.3)のように表される．

$$\sigma_{max} = \frac{P}{A_{min}} \tag{7.3}$$

応力が材料固有の限界値に達したとき，棒が破壊する可能性がある．図 7-03 のように荷重が作用したとき，棒が破壊する可能性がもっとも高い危険な部分は Y-Y 断面（応力が最大のところ）であると判断される．したがって，棒の寸法が確定していれば破壊しない限界の荷重を求めることができる．また，荷重 P が確定していれば安全を保つ棒の最小断面積を決めることもできる．このように応力の概念は，外力を受けている物体の強さを評価する指標として重要である．

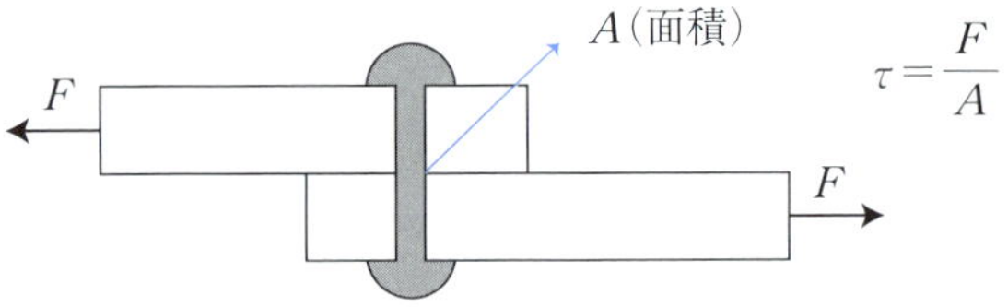

図 7－04　せん断応力

次に，図 7-04 のようにびょう止めした 2 枚の板を水平に引張るとき，びょうにはたらく応力を考えてみる．これは，図 7-05 のように一端を固定した棒（びょう）の他端に荷重を加えることと同じであり，びょうの横断面 X–X にはこの面を滑らせようとする内力が生じる．その面の単位面積当たりの内力，すなわち X–X 面に平行する応力を**せん断応力** τ といい，式(7.4)のように表す．

$$\tau=\frac{F}{A} \tag{7.4}$$

垂直応力は物体を引き離したり，押さえつけたりする方向に作用するが，せん断応力は物体をずらす，または回転させるように作用する．せん断応力の符号は，図 7-05 のように物体を時計回りに回転させる向きを正としている．図 7-06 のようにハサミでも物を切るときに切断面にはたらく力もせん断応力である．

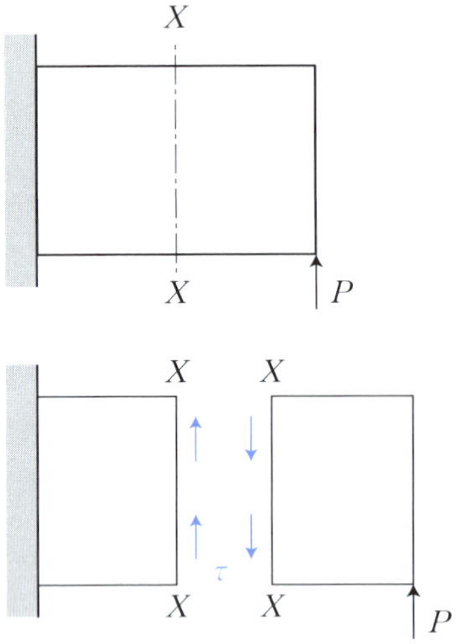

図 7－05　せん断応力による物体の回転

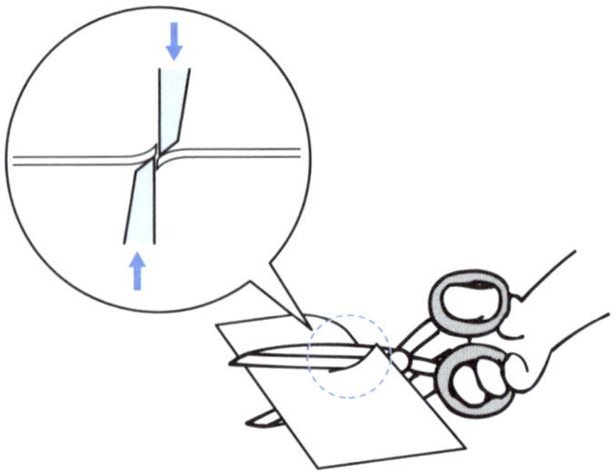

図 7－06　せん断応力の応用（ハサミ）

3 ひずみ

物体が外力を受けると応力が生じて変形するが，単位長さ当たりの伸びまたは縮み，または単位体積当たりの体積の増減を考えて，**ひずみ**の大小で外力の影響を評価する．

図 7-07 のように，もとの長さ ℓ の棒が引張荷重を受けると，荷重方向が $\ell+\Delta\ell$ となり，荷重と垂直方向の幅が $d-\Delta d$ になる．荷重方向の棒の長さの変化 $\Delta\ell$ をもとの長さ ℓ で割った値を**縦ひずみ**といい，式(7.5)のように ε で表す．なお，これに対して棒の幅の変化 Δd をもとの幅 d で割った値を**横ひずみ**という．

$$\varepsilon = \frac{\Delta\ell}{\ell} \tag{7.5}$$

長さが増加する場合の縦ひずみを**引張ひずみ**といい，長さが減少する，つまり，物体が圧縮荷重を受け，荷重方向に $\ell-\Delta\ell$ に縮む場合の縦ひずみを**圧縮ひずみ**という．引張ひずみは正(＋)，圧縮ひずみは負(－)で表すのが一般的である．

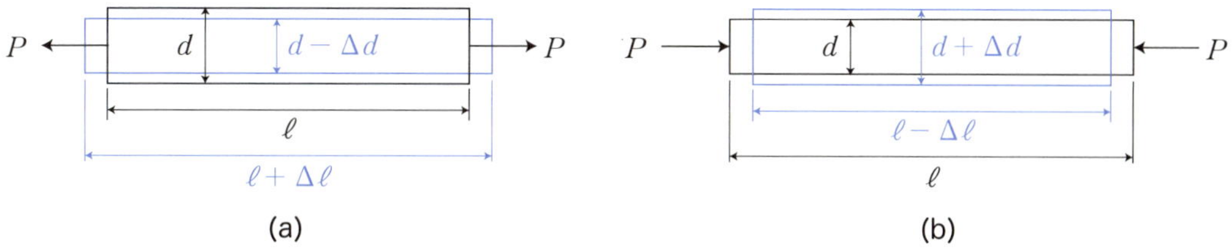

図 7－07 縦ひずみと横ひずみ

また，図 7-05 のように物体にせん断荷重が作用した場合には，物体の内部に考えた微小直六面体 ABCD (図 7-08) は，せん断応力により ABC′ D′ のように変形する．このとき，CC′ と BC の比を**せん断ひずみ**といい，式(7.6)のように γ で表す．

$$\gamma = \frac{\Delta s}{\ell} = \tan\theta \tag{7.6}$$

ここで，$\theta = \angle \mathrm{CBC'}$ である．θ が小さい場合には，$\tan\theta \fallingdotseq \theta$ なので，θ がせん断ひずみと考えてよい．

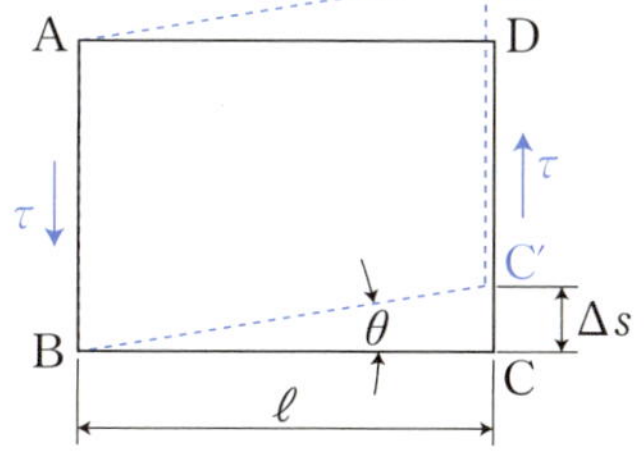

図 7－08 せん断ひずみ

4 弾性の諸係数

物体に荷重が加わると応力とひずみが生じる．両者の関係は材料の種類にもよるが，例えば木材の角柱に圧縮力を加えると図 7-09 のような挙動を示す．図中の OA 間では，負荷中に荷重を取り除くと変形は元の状態に戻る，つまり，弾性状態であるが，その限界の応力（図 7-09 の点 A の応力 σ_E）を**弾性限度**と呼ぶ．弾性限度を超えて AB のように荷重をさらに加えると，BC のように荷重を除いても変形（ひずみ）は完全にはもとに戻らなくなる．つまり，塑性状態になり，図 7-09 での OC に相当するひずみ ε_P が**残留ひずみ**となって物体内に残ってしまう．

図 7-09 の OA 間のように弾性限度内のある範囲においては，応力とひずみは正比例的な関係にあることが知られている．これは**ロバート・フック**（1 章参照）が見出した法則で，**フックの（弾性）法則**と呼ばれている．これを式で示すと，

$$\sigma = E\varepsilon \qquad (7.7)$$

応力とひずみの一定の比を**弾性係数**という．さらに，式（7.7）が成立する限界の応力を**比例限度**（図 7-09 の点 P の応力 σ_P）と呼んでいる．

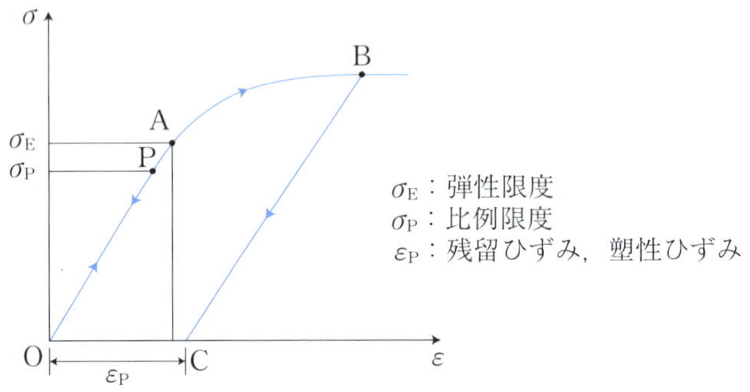

図 7－09　ひずみと応力の関係

弾性係数には応力とひずみの種類により次の 4 つがある．これらは互いに関係があり，いずれか 2 つの弾性係数がわかると，ほかの 2 つは関係式から計算で求めることができる．

1 縦弾性係数

式（7.7）の関係を，図 7-06 の断面積 A の棒に荷重 P が作用し，$\Delta\ell$ の変形が生じる場合に適用すると，$\sigma = P/A$，$\varepsilon = \Delta\ell/\ell$ であるから，式（7.8）を得る．このときの比例定数 E を**縦弾性係数**（または**ヤング係数**，または，**ヤング率**）という．

$$E = \frac{\sigma}{\varepsilon} = \frac{P\ell}{A\Delta\ell} \qquad (7.8)$$

2 横弾性係数（せん断弾性係数）

フックの法則はせん断応力とせん断ひずみについても同様に成立し，式(7.9)になる．このときの比例定数 G を**横弾性係数**，あるいは**せん断弾性係数**といい，先の E と同様に材料固有の値である．

$$\tau = G\gamma, \quad G = \frac{\tau}{\gamma} \tag{7.9}$$

3 体積弾性係数

静水圧のように直交する 3 方向から等しい値の引張または圧縮応力 σ を受けたとき，体積 V の物体がその体積を ΔV 変化させたとすると，$\Delta V/V$ を**体積ひずみ**といい，ε_V で表す．この応力と体積ひずみの比 K を，**体積弾性係数**という．

$$\sigma = K\varepsilon_V, \quad K = \frac{\sigma}{\varepsilon_V} = \frac{\sigma V}{\Delta V} \tag{7.10}$$

以上の弾性係数は，応力と同一の次元（単位）となる．

4 ポアソン比

棒に引張荷重を加えると，棒は荷重方向に伸びて縦ひずみ（$\varepsilon = \Delta\ell/\ell$）を生じ，荷重と直角方向には縮んで横ひずみ（$\varepsilon_1 = \Delta d/d$）を生じることは先に述べた．横ひずみ ε_1 と縦ひずみ ε との比は応力が弾性限度内であれば一定である．この比を**ポアソン比**といい，μ で表す．ポアソン比は無次元の数であり，その逆数 m は**ポアソン数**と呼ばれる．

$$\mu = \frac{1}{m} = \frac{\varepsilon_1}{\varepsilon} \tag{7.11}$$

表 8-01 に，いろいろな材料の縦弾性係数の値を大きさの順に示した．ダイヤモンドがもっとも大きく，その値は 10^3 GPa である．軟質ゴムや種々の発泡ポリマーは 10^{-3} GPa である．縦弾性係数がもっと低い材料は存在するが，例えばゼリーなどでは 10^{-6} GPa 程度である．実用的な工業材料の縦弾性係数は $10^{-3} \sim 10^{+3}$ GPa の間にあり，6 桁の範囲にわたっている．ある目的にそって材料を選択する場合，我々が選べるのはこの範囲である．セラミックスや金属は，もっとも軟らかい鉛を含めても，この範囲の上限近くに位置する．高分子はずっと軟らかく，ポリエチレン，ポリプロピレンのようなふつうのポリマーの縦弾性係数はセラミックスや金属のそれより数桁低い．材料特性をさらに深く理解するには，材料の構造や原子間結合力など，材料を原子レベルで詳しく調べる必要がある．

表7-01　いろいろな材料の縦弾性係数（ヤング率）

材料	GPa	材料	GPa
ダイヤモンド	1000	亜鉛とその合金	43 ～ 96
チタン，ジルコニウム，ハフニウムのホウ化物	500	金	82
ホウ素	441	カルサイト（大理石）	81
タングステン	406	アルミニウム	69
アルミナ（Al_2O_3）	390	銀	76
ベリリア（BeO）	380	ソーダガラス	69
炭化チタン（TiC）	379	アルカリハライド（NaCl, LiF など）	15 ～ 68
窒化ケイ素（Si_3N_4）	220 ～ 320	花こう岩	62
クロム	289	コンクリート，セメント	45 ～ 50
ジルコニア（ZrO）	160 ～ 241	GFRP	7 ～ 45
ニッケル	214	カルサイト（石灰石）	31
CFRP	70 ～ 200	黒煙	27
鉄	196	通常の木材（木目に平行）	9 ～ 16
フェライト鋼，低合金鋼	200 ～ 207	氷	9.1
オーステナイト系ステンレス鋼	190 ～ 200	メラミン	6 ～ 7
軟鋼	196	ポリイミド	3 ～ 5
鋳鉄	170 ～ 190	ポリエステルト	1 ～ 5
白金	172	アクリル	1.6 ～ 3.4
ウラン	172	ナイロン	2 ～ 4
ボロン繊維強化エポキシ	125	PMMA	3.4
銅	124	ポリスチレソ	3 ～ 3.4
ムライト	145	エポキシ	3
ジルコニア（ZrO_2）	145	通常の木材（木目に垂直）	0.6 ～ 1.0
バナジウム	130	ポリプロピレン	0.9
チタン	116	ポリエチレン（高密度）	0.7
パラジウム	124	発泡ポリウレタン	0.01 ～ 0.06
黄銅と青銅	103 ～ 124	ゴム	0.01 ～ 0.1
ケイ素	107	発泡ポリマー	0.001 ～ 0.01
シリカガラス（SiO_2 水晶）	94		

5 弾性の諸係数間の関係

縦弾性係数 E，横弾性係数 G，体積弾性係数 K，ポアソン比 $1/m$ の間で独立なものは2つある．これらの関係についてみてみよう．

E，K，m 間の関係：一辺の長さが a である立方体の各表面に等しい垂直引張応力が作用し（図 7-10），各辺の縦ひずみが ε で，体積が V から $V+\Delta V$ に変化したとする．そのときの体積弾性係数 K は，

$$K = \frac{\sigma}{\Delta V/V} = \frac{\sigma a^3}{a^3(1+\varepsilon)^3 - a^3} \tag{7.12}$$

このとき，ε は1に比較して小さいので，これによる2次以上の微小項を省略すると，

$$K = \frac{\sigma}{3\varepsilon} \text{ または } \frac{\sigma}{\varepsilon} = 3K \tag{7.13}$$

一方，

$$\varepsilon = \frac{\sigma}{E} - \frac{1}{m}\left(\frac{\sigma}{E} + \frac{\sigma}{E}\right) = \frac{m-2}{mE}\sigma \text{ または } \frac{\sigma}{\varepsilon} = \frac{mE}{m-2} \tag{7.14}$$

式(7.13)と(7.14)から，

$$3K = \frac{mE}{m-2} \tag{7.15}$$

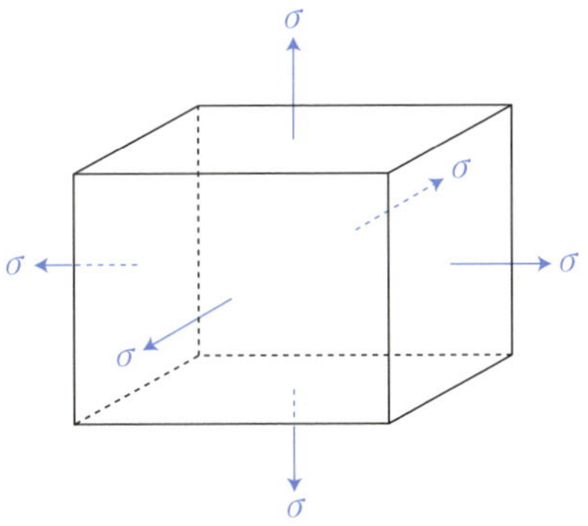

図 7-10　立方体に作用する垂直引張応力

E, G, m 間の関係：図 7-11 において，ABCD は立方体の 1 つの面であるとするとき，面 AB，CD には引張応力 σ が，面 BC，DA には大きさが σ に等しい圧縮応力が作用する場合を考える．このとき，これらの面と 45° の傾きをなす EFGH の各面には大きさが σ に等しいせん断応力 τ が作用することになる．EG 方向の縦ひずみを ε とすると，

$$\varepsilon = \frac{\sigma}{E} + \frac{\sigma}{mE} = \frac{m+1}{mE}\sigma \tag{7.16}$$

また FG 面のせん断ひずみを γ とすると，

$$\gamma = \frac{\tau}{G} \tag{7.17}$$

単純せん断の場合は，

$$\sigma = \tau \tag{7.18}$$

また，

$$\varepsilon = \frac{1}{2}\gamma \tag{7.19}$$

よって，式(7.16)，(7.17)，(7.18)，(7.19) より，

$$\frac{\sigma}{2\varepsilon} = \frac{mE}{2(m+1)} = \frac{\tau}{\gamma} = G \quad \therefore 2G = \frac{mE}{m+1} \tag{7.20}$$

式(7.15) と (7.20) から m を消去すれば E, G, K の間の関係が得られ，また，E を消去すると G, K, m の間の関係が得られる．

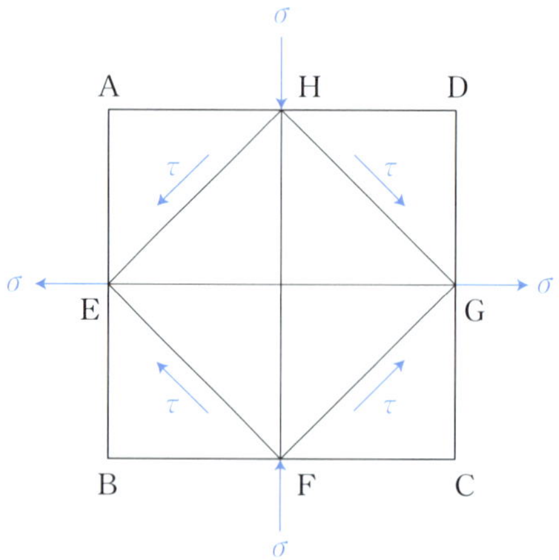

図 7-11　立方体の 1 つの面にかかる各種応力

第 7 章　練習問題

7.1　体積ひずみが ε_v が，互いに垂直な方向の縦ひずみ $\varepsilon_1+\varepsilon_2+\varepsilon_3$ を用いて，$\varepsilon_v=\varepsilon_1+\varepsilon_2+\varepsilon_3$ で表されることを示せ．

7.2　長さ ℓ，断面積 A の一様な棒に引っ張り荷重 P を加えると，生じる伸び λ はどのような式で与えられるか．ただし棒の縦弾性係数を E とする．

7.3　直径 2 cm のロープ数本を用いて 4×10^4 N の荷重を安全につるしたい．今このロープ 1 本の引張強さが 50 MPa である場合，安全率を 3 とするとロープは何本必要となるか．

注：安全率とは，構造物や材料が設計荷重に対してどれだけの余裕をもたせるかを示す指標．例えば安全率が 3 ということは，実際にかかる荷重は，材料がもつ強度の 1/3 までに抑えるという意味．

7.4　構造物のある部材が軟鋼の丸棒でつくられており，引張荷重 3×10^4 N を受けているとする．この丸棒の降伏点が 90 Mpa，安全率が 2 であるとき，部材の安全直径を求めよ．

7.5　図のように長さ ℓ，断面積 S の弾性体の一端を固定し，鉛直につり下げた．棒の材質の密度を ρ，縦弾性係数を E，重力加速度を g とする．

(1) 天井より距離 x の部分での応力 f はいくらか．

(2) 座標 x での厚さ $\mathrm{d}x$ の部分に対する伸び $\mathrm{d}\lambda$ を求めよ．

(3) 棒全体の伸び λ を求めよ．

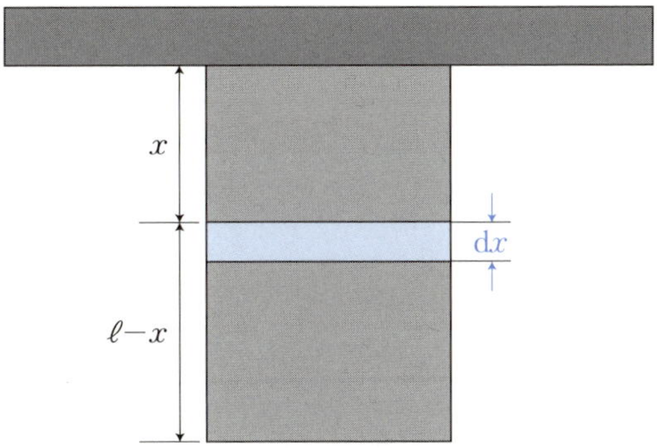

断面積 S

第 8 章

振動学・流体力学の基礎

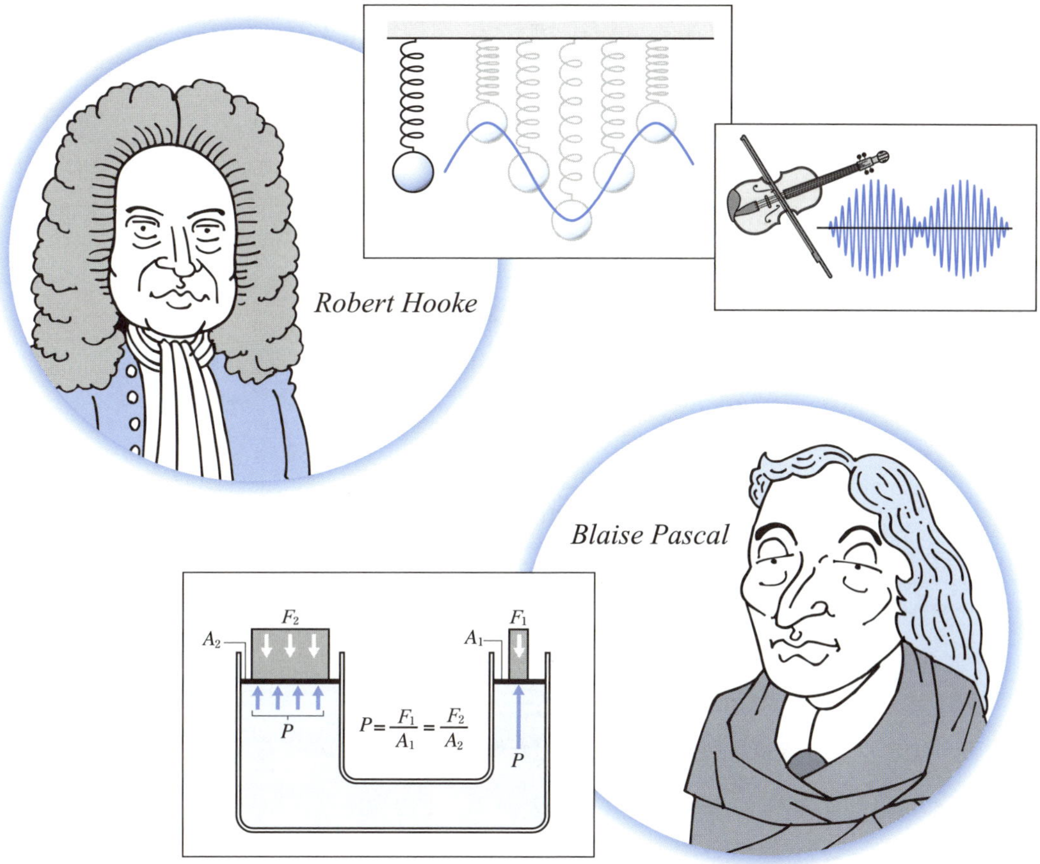

物体が同じ経路を一定の周期で繰り返し動くことがあるが，このような現象を振動と呼ぶ．ばね，ブランコ，バイオリンなど，身のまわりには振動するものが数多く存在する．我々の心拍や呼吸なども，周期的な振動である．また，海底や地中に設置された振動センサーを用いて，津波や地震の初期波を検出し，早期に警報を発するシステムや，特定の周波数の音波や振動を発生させて害虫を駆除するといった振動の利活用もさまざまな分野で見られる．ここでは，ばねの振動と振り子の振動をとり上げて，振動現象の物理学的な意味について考える．

また本章では，気体や液体のように分子運動の自由度が極めて高い物質である流体に関する力学現象についても紹介する．流体力学は，外部から加えられた力や流体の内部にはたらく力が流体の運動にどのように関わるのかを考える学問である．血液は生体内を移動する流体であり，血液循環も流体力学の法則に従う．

1 振動学の基礎

1 単振動

滑らかな水平面上に置かれた質量 m の物体に，ばね定数 k のつる巻きばねがつけられており，ばねの他端が壁面に固定されている場合の運動を考えてみよう（図 8-01）．物体は，質点として扱う．物体には下向きに大きさ mg の重力もはたらいているが，これは面からの抗力 N と常につり合っているので考えなくてよい．面は滑らかで，物体と面の間の摩擦力は無視できるものとする．

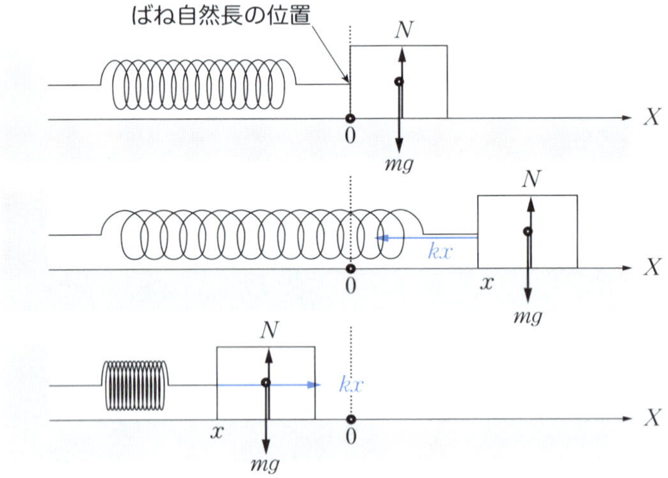

図 8－01　ばねにつなげた物体の変位とばねの復元力

ばねに沿って X 軸を定める．ばねが自然長のときの物体の X 座標を 0 として，ばねの伸縮量 x の変動を変えてみよう．はじめに，単振動の様子を理解しやすくするために，物体の時間変位 $x(t)$ を図 8-02 に示す．変位の波形は三角関数となっているのがわかるが，詳細は後で述べる．

ばねの伸びが x，（物体の位置が x）であるとき，物体にはフックの法則より，

$$F = -kx \tag{8.1}$$

の力がはたらいている．このように，変位を減らそうとする向きにはたらく力を復元力という．初速度が x 成分のみであるなら，その後の運動も x 軸上にあるので，1 次元の運動方程式を考えればよい．加速度を a_C とすると，質点の運動方程式は $ma_C = F$ であり，式 (8.1) より，$ma_C = -kx$ となる．これを変位 x について表すと，

$$m\frac{\mathrm{d}^2x}{\mathrm{d}t^2} = -kx \tag{8.2}$$

となる．この微分方程式は，単振動（調和振動）の微分方程式と呼ばれる．

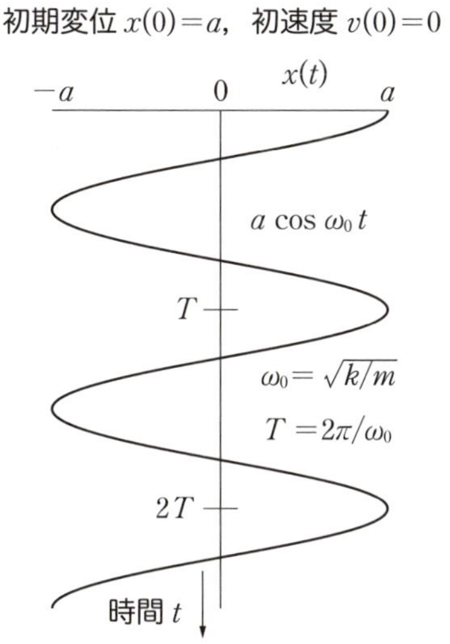

図 8－02　物体の単振動の様子

この式を m で除し，角振動数 $\omega_0=\sqrt{k/m}$ を定義して書き直すと，

$$\frac{d^2x}{dt^2}=-\omega_0^2x \tag{8.3}$$

となる．

図 8-02 からも想像されるように，単振動の解は三角関数となる．そこで，三角関数を時間 t で 2 階微分すると $-\omega_0{}^2$ 倍したものになる $x(t)$ を見つけてみよう．三角関数 $x(t)=\cos\omega_0 t$，$x(t)=\sin\omega_0 t$ の 2 階の微分は，

$$\frac{d^2}{dt^2}\cos\omega_0 t=-\omega_0^2\cos\omega_0 t,\quad \frac{d^2}{dt^2}\sin\omega_0 t=-\omega_0^2\sin\omega_0 t \tag{8.4}$$

となり，

$$x_1(t)=\cos\omega_0 t,\quad x_2(t)=\sin\omega_0 t \tag{8.5}$$

がともに微分方程式 (8.3) の解である．

2 階の常微分方程式の解で 2 つの任意定数を含むものを一般解という．A，B を任意定数とすると，

$$\begin{aligned}x(t)&=A\cos\omega_0 t+B\sin\omega_0 t=C\cos(\omega_0 t-\phi)\\ C&=\sqrt{A^2+B^2}\\ \tan\phi&=\frac{B}{A}\end{aligned} \tag{8.6}$$

となる．ここで，C は振幅，ϕ は初期位相と呼ばれる．

一般解の任意定数の値を初期条件から定めれば，その初期条件のもとでの運動を記述する解が求められる．例えば，時間 $t=0$ に物体を $x=a$ の位置から静かに（初速度0で）放したとすると，

$$x(0)=a,\quad v(0)=\frac{\mathrm{d}x(0)}{\mathrm{d}t}=0 \tag{8.7}$$

となる．これを満たすように A，B を決める．

$$x(0)=A \qquad \Rightarrow \qquad A=a$$

式(8.6)を時間 t で微分すると，

$$v(t)=-A\omega_0\sin\omega_0 t+B\omega_0\cos\omega_0 t \tag{8.8}$$

となり，

$$v(0)=B\omega_0 \qquad \Rightarrow \qquad B=0$$

となる．よって，初期条件式(8.5)のもとでの解は，

$$x(t)=a\cos\omega_0 t \tag{8.9}$$

である．

振幅 a，周期 $T=2\pi/\omega_0$，角振動数 $\omega_0\ (=\sqrt{k/m}\ )$ の単振動の変位，速度および加速度の時間変化を図8-03に示す．

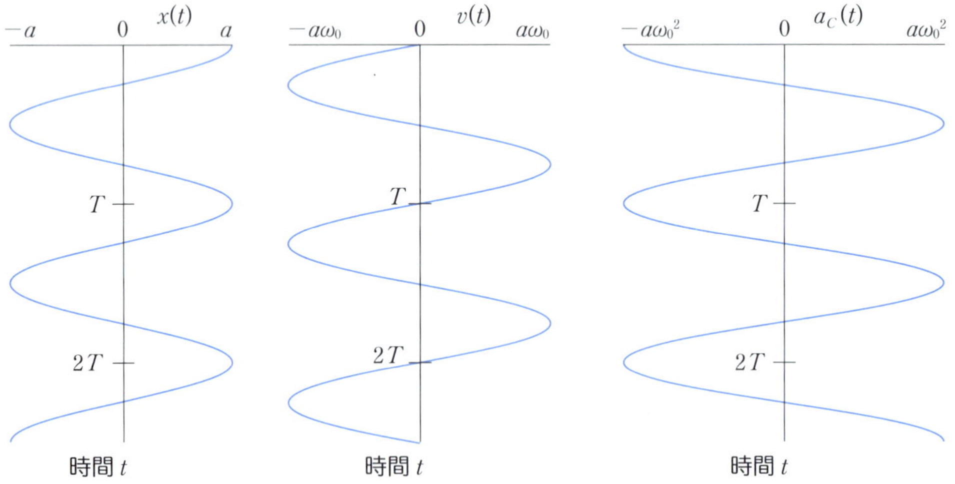

図8－03　単振動の変位 $x(t)$，速度 $v(t)$ および加速度 $a_C(t)$

2 単振り子

長さℓの長い糸の一端を固定し，他端に質量mのおもりをつけて，鉛直面内でおもりに小さな振動の振幅をさせる装置を**単振り子**という．おもりは，糸の張力Sと重力mgの作用を受けて半径ℓの円弧上を往復運動する．糸の張力の向きはおもりの進行方向に垂直なので，おもりを往復運動させる力は重力mgの接線方向成分Fである（これは，張力と重力の合力）．振り子が鉛直線から角度θだけずれて，おもりが点Pにいる状態では，

$$F = -mg\sin\theta \tag{8.10}$$

である（図 8-04）．円弧 OP の長さは$s=\ell\theta$なので，おもりの加速度の接線方向成分は，

$$\frac{\mathrm{d}^2(\ell\theta)}{\mathrm{d}t^2} = \frac{\ell\,\mathrm{d}^2\theta}{\mathrm{d}t^2} \tag{8.11}$$

である．したがって，おもりの運動方程式は，

$$m\ell\frac{\mathrm{d}^2\theta}{\mathrm{d}t^2} = -mg\sin\theta \tag{8.12}$$

となる．

振動が小さくて，$|\theta| \ll 1$の場合は$\sin\theta \fallingdotseq \theta$なので，$\omega_0 = \sqrt{\frac{\ell}{g}}$とおくと，

$$\frac{\mathrm{d}^2\theta}{\mathrm{d}t^2} = -\omega_0^2\theta,\quad \omega_0 = \sqrt{\frac{g}{\ell}} \tag{8.13}$$

となる．式(8.13)と式(8.3)は同じ形をしているので，式(8.13)の一般解は，

$$\theta = A\cos(\omega_0 t + \alpha) \tag{8.14}$$

と表される．A，αは任意の定数で，$t=0$でのθと$\mathrm{d}\theta/\mathrm{d}t$の値で決まる．

単振り子の**振動数**fと**周期**Tは，

$$f = \frac{\omega_0}{2\pi} = \frac{1}{2\pi}\sqrt{\frac{g}{\ell}},\quad T = 1 = 2\pi\sqrt{\frac{\ell}{g}} \tag{8.15}$$

式(8.15)からわかるように，単振り子の周期は，おもりの質量mにも振幅にもよらない．振動の周期が（近似的に）振幅によらないという性質を，**振り子の等時性**という．単振り子の周期は$\sqrt{\ell}$に比例するので，糸が長いほど周期は長くなる．

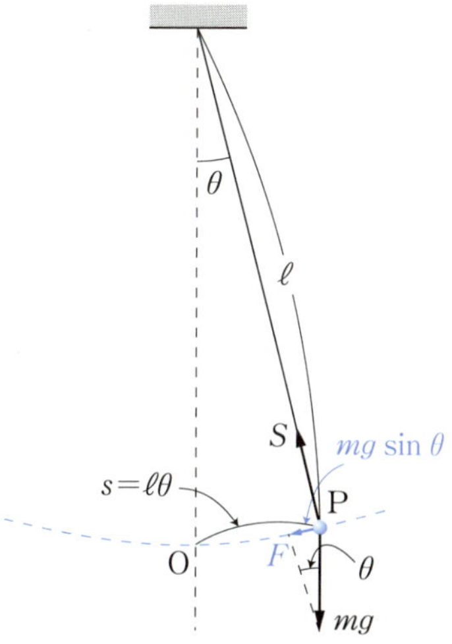

図 8-04 単振り子

2 流体力学の基礎

1 物質の３態

物質には固体，液体，気体の３態がある．

固体：分子の集合状態が規則的で，分子間の力が強く作用している．分子は定まった位置近傍で微小振動している．

液体：分子の集合状態は気体ほど不規則ではなく，かなり密である．近い距離にある分子同士は，その配列を保ちながら比較的大きな分子運動をする．液体は表面を形成するが，その面積を最小にしようとする表面張力がはたらく．

気体：不規則な分子運動をする．分子間の距離が長いので引力や斥力を無視できる．外部から力を受けると容易に体積を変化させる．

流体力学で着目するのは液体物質と気体物質である．

2 流体を表す基本的物理量

流体の状態は，密度，圧力，温度により決まる．

密度（ρ）：単位体積当たりの質量（kg/m^3）

圧力（p）：分子運動の大きさ（N/m^2），流体中の単位面積当たりにはたらく力を圧力という．ある点の圧力は，その点を含む任意の面に依存しない．

静圧：流体が流れている状態でもっている圧力．大気圧からの差圧をゲージ圧という．

動圧（$q = (1/2)\rho V^2$）：流れの運動エネルギーに相当する．

温度（T）：分子の運動エネルギーを表す．熱さおよび冷たさの尺度でもある．

0℃：標準気圧（1.013×10^5 Pa = 1013 hPa = 760 mmHg）で水が融解する温度

100℃：標準気圧で水が沸騰する温度．0℃と100℃の間を100等分して℃（摂氏）目盛とする．

温度の換算

絶対温度（単位 K）：$T_K = 273.16 + T$

華氏温度（単位 F）：$T_F = (9/5)T + 32$

3 大気境界層

地表面から高度 1 ～ 2 km 程度までの層（大気の層）を，**大気境界層**と呼ぶ．大気の構成割合は，窒素 78 %，酸素 21 %，二酸化炭素 0.35 % である．

標準重力加速度 $g = 9.80665\ \mathrm{m/s^2}$ の場所で，密度 $13.5951\ \mathrm{g/cm^3}$ の水銀の高さ 760 mm の柱の圧力を **1 標準大気圧（1 気圧）**と呼ぶ．このときの圧力は，

$$1\ \mathrm{atm} = 1.01325 \times 10^5\ \mathrm{Pa}$$

である．

静止流体中の**静水圧**は，同じ高さでは等しいが，高さとともに減少していく．一定な密度 ρ の流体中では静水圧 p は高さ h とともに，

$$p = p_0 - \rho g h \tag{8.16}$$

のように変化する．p_0 は $h = 0$ での静水圧である．

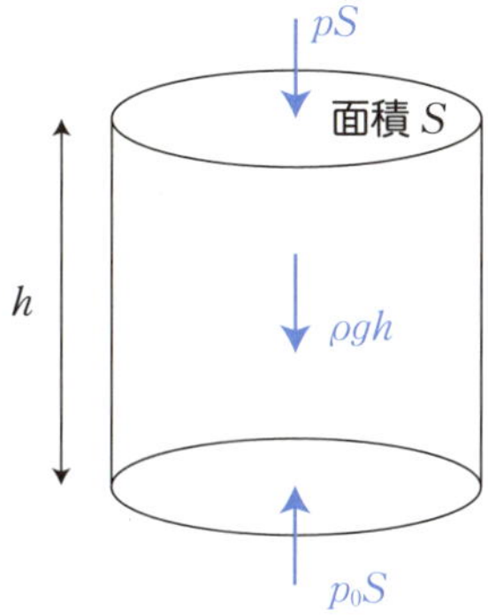

図 8－05　静水圧と高さの関係

大気の温度，圧力（気圧），密度は，高度とともに以下のように変化する．

表 8－01　高度による温度，気圧，大気密度の変化

高度（m）	温度 T（℃）	気圧 p（mmHg）	密度 ρ（kg/m^3）
0	15	760	1.2250
10,000	－49.9	198.8	0.41351
20,000	－56.5	41.5	0.088910
30,000	－46.4	9.0	0.018410
50,000	－2.5	0.598	0.00103

4 パスカルの原理

図8-06のような水を注いでピストンで密閉したU字型の管を用意する．一方のピストンに押し下げるように力を加えると，もう一方のピストンに押し上げるような力が発生する．このとき，水がピストンを押す力とピストンの面積の比は2つのピストンにおいて等しいことが，パスカルの原理から導かれる．

これにより，ピストンにかかる力の大きさは面積に比例することがわかる．例えば，2つのピストンの面積比を2：1にすると，大きいピストンには小さいピストンの2倍の重量の物体を置いてつり合わせることができる．

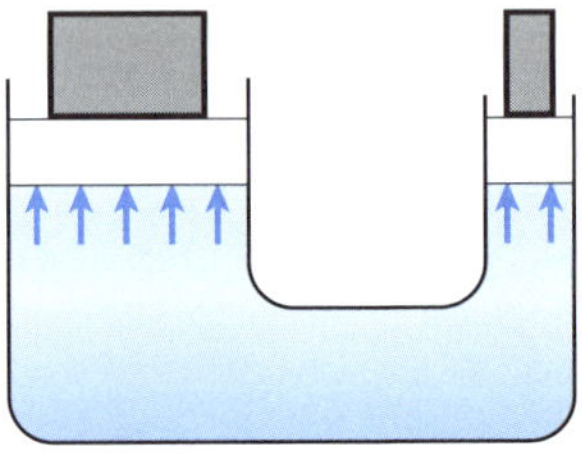

図8－06　パスカルの原理

この考えを用いた力を増幅する装置としては，以下が挙げられる．

・油圧ジャッキ：大きな持ち上げ力が得られる．

・自動車のブレーキ（油圧ブレーキ）：ブレーキペダルを踏む力を増幅して車輪の回転を止める．

5 連続の式

流体がある方向に連続的に移動する場合を考える．流れは量として扱うと $\rho A v$（ρ：流体の密度，A：管の断面積，v：流速）が管内を移動するとき，前後の部分でも流体は同時に移動している．したがって，ある場所における断面積と流速を添え字で表すものとすれば，以下の関係となる．

$$\rho A_1 v_1 = \rho A_2 v_2 = \rho A_3 v_3 = \rho A v = 一定 \tag{8.17}$$

これを連続の式という．

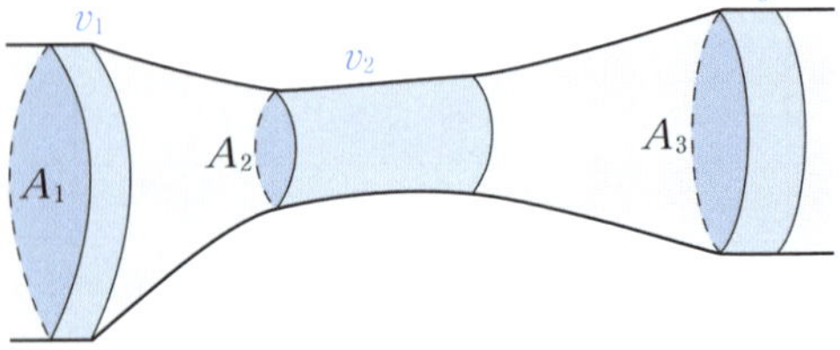

図8－07　流体の連続の式の概念

6 ベルヌーイの定理

以下の関係をベルヌーイの定理という．

$$P = p + \rho gh + \frac{1}{2}\rho v^2 \tag{8.18}$$

ただし，p：静圧，ρgh：重力による圧力，$1/2\rho v^2$：動圧．

右辺第 3 項は単位体積における運動エネルギーである．流体の単位長さ部分を考えると，単位面積当たりの力で，圧力になる．

ベルヌーイの定理を意味するところは，「動圧が上昇すると，静圧が減少する」，逆に「静圧が上昇すると，動圧が減少する」ということになる．流体の単位体積部分に着目すると，これは，エネルギー保存則を表している．

7 トリチェリーの定理

大気圧 p_0，水槽の底近くの穴からの水の流出速度を v，水槽中の水の深さを h とすると，ベルヌーイの法則から

$$\begin{aligned} p_0 + \rho gh &= p_0 + \frac{1}{2}\rho v^2 \\ \therefore v &= \sqrt{2gh} \end{aligned} \tag{8.19}$$

となる．

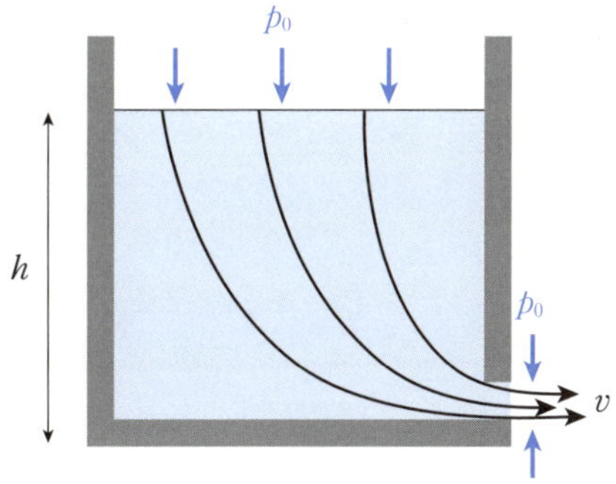

図 8－08　トリチェリーの定理の概念

8 粘性流体

実在の流体には粘性がある．粘性とは運動に伴う分子間の摩擦力によって，流れを妨げようとするもので，流れに対して抵抗力としてはたらく．ある部分の流れの速度に対して，隣接する平行部分の速度が異なる場合，その間の面に平行は方向に力がはたらく．このような力を粘性力という．

9 レイノルズ数

レイノルズ数は以下のように定義される．

$$\mathrm{Re} = \frac{\rho v^2 L^2}{\eta v L} = \frac{\rho v L}{\eta} \Rightarrow \frac{\text{慣性抵抗}}{\text{粘性抵抗}} \tag{8.20}$$

ただし，L：代表長さ（管径など），ρ：流体の密度，v：流速，η：粘性係数．

形状が相似でレイノルズ数が等しければ，流れの相似性が保証される．レイノルズ数が同じにすることで，模型による風像実験が意味をもつことになる．レイノルズ数が小さいときは流れが穏やかで，**層流**となる．レイノルズ数が大きいと，**乱流**となる．

第 8 章 練習問題

8.1 軽い糸に重い質点をつけて，周期が 2 秒の単振り子をつくりたい．糸の長さ ℓ をいくらにすればよいか．

8.2 図のように 2 kg の物体が傾き 45° の滑らかな斜面の上にばねでつながれている．ばねは自然の長さより 2.0 cm 伸びている．ばねのばね定数を求めよ．

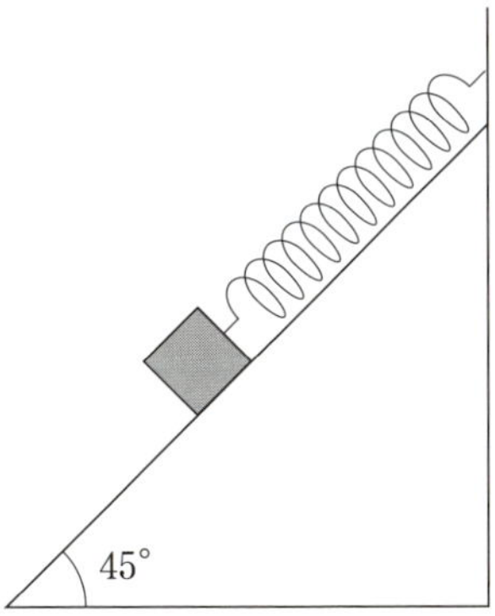

8.3 図のようにばね定数 k のばねの一端に質量 m のおもりをつけ，ばねの他端を固定して鉛直に釣り下げる．おもりをこの位置から上下に振動させたときの固有角振動数を求めよ．

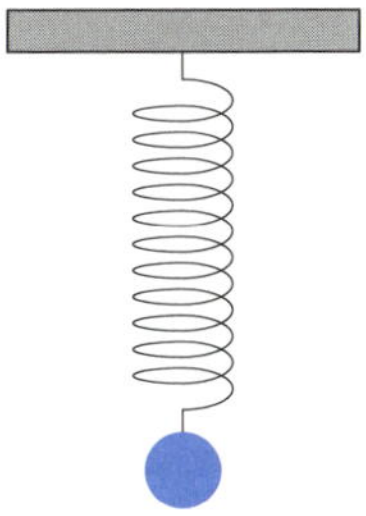

8.4 自然の長さ 1 m，ばね定数 18 N/m のばねの一端を固定し，他端に質量 2 kg の物体を結びつけ，摩擦の無い水平面におき，ばねが 0.1 m 伸びるまで物体を引張って，速度 0.3 m/s で離して単振動させた．時間 $t=0$ のとき位置 $x(0)=0.1$ m，初速度位置 $v(0)=0.3$ m/s である．運動方向を x 軸とする．また，ばねの質量は無視する．時間 t に対する物体の運動の位置 $x(t)$，速度 $v(t)$，加速度 $a(t)$ を求めよ．

8.5 高度 0 m では，1 標準大気圧（1 気圧）(atm) での圧力は 1.013×10^5 Pa である．高度 500 m での山地，水深 10 m での海中の圧力を推算せよ．なお空気の密度は 1.226 kg/m^3，海水の密度は 1.027×10^3 kg/m^3，重力加速度は 9.807 m/s^2 とする．

8.6 図に示すような連通管に比重0.80の油を入れ，面積が $2.0\,\mathrm{m^2}$ と $0.50\,\mathrm{m^2}$ のピストンA，Bで密閉する．ピストンの重さや摩擦は無視できるものとする．

(1) Aに40 Nの分銅を載せてこれを持ち上げるためには，Bに何N以上力を与える必要があるか．またAを0.40 m持ち上げるにはBを何m押し下げる必要があるか．

(2) Bに力を加えずAに40 Nの分銅を乗せたままにすると，AとBの高さの差はいくらか．

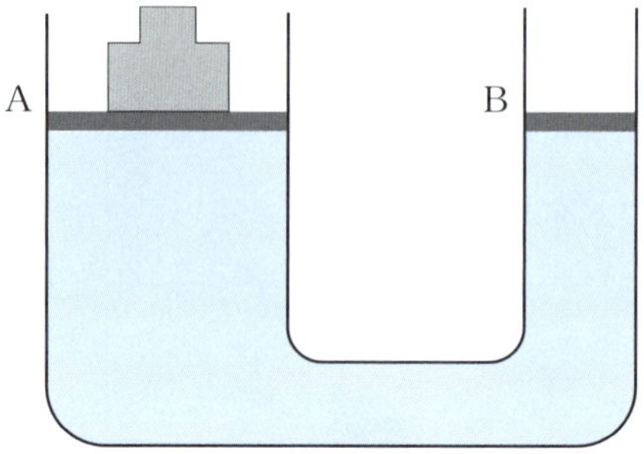

8.7 図に示すように流速0.70 m/sの一様な流れの川上に向けて，L字管を入れた．このとき管内の水位はまわりの水面より何cm高いか．重力加速度を $9.8\,\mathrm{m/s^2}$ とする．

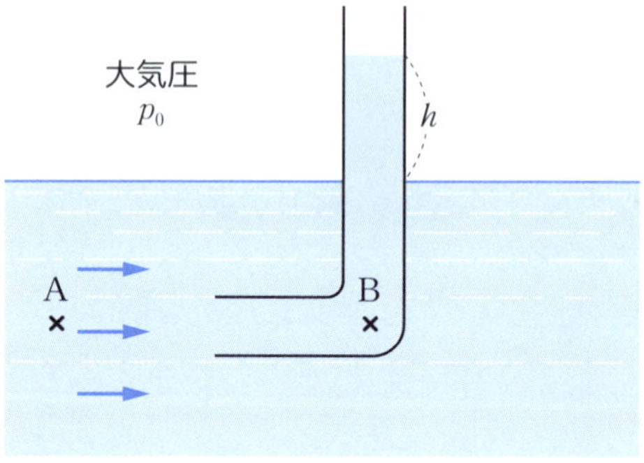

付録 数学的事項

ベクトル

長さ，時間，質量やエネルギーのように大きさだけ（正，負はあってよい）で表される量を**スカラー**（scalar）といい，速度，力，角運動量のように大きさのほかに方向をもつ量を**ベクトル**（vector）という．大きさ A のベクトルは $\boldsymbol{A}$ または $\vec{A}$ で表し，その大きさは $|\boldsymbol{A}|$ と表すこともある．

次にベクトルの 3 次元表現について述べる．大きさ 1 のベクトルを単位ベクトルという．例えば，付図 01 のように，x, y, z 軸上にそれぞれ正の向きの大きさ 1 の単位ベクトル $\boldsymbol{i}$，$\boldsymbol{j}$，$\boldsymbol{k}$ を考えると $i=j=k=1$ である．この単位ベクトルを用いてベクトル $\boldsymbol{A}$ を表すと，付図 01 からわかるように

$$\boldsymbol{A}=A_x\boldsymbol{i}+A_y\boldsymbol{j}+A_z\boldsymbol{k} \tag{1}$$

と書ける．したがってピュタゴラスの定理を用いて，この大きさは次のようになる．

$$A=\sqrt{A_x^2+A_y^2+A_z^2} \tag{2}$$

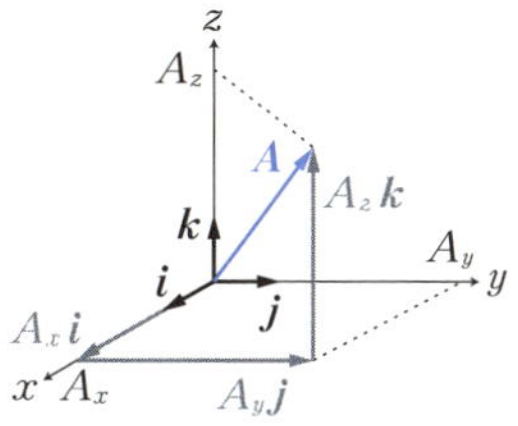

付図01　ベクトル $\boldsymbol{A}$

(1) ベクトルの内積

2 つのベクトル $\boldsymbol{A}$ と $\boldsymbol{B}$ のなす角が θ であるとき，付図 02 のように $\boldsymbol{B}$ の $\boldsymbol{A}$ への正射影 $B\cos\theta$ と A の積 $AB\cos\theta$ を $\boldsymbol{A}$ と $\boldsymbol{B}$ の**内積**または**スカラー積**といい，これを次のように表す．

$$\boldsymbol{A}\cdot\boldsymbol{B}=\boldsymbol{B}\cdot\boldsymbol{A}=AB\cos\theta \tag{3}$$

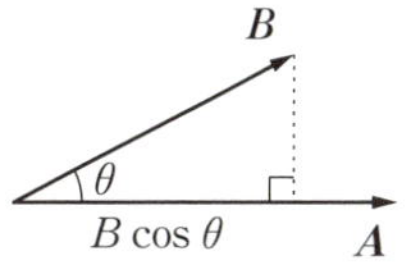

付図02　$\boldsymbol{A}$ と $\boldsymbol{B}$ の内積

したがって，θ が鋭角か鈍角かで $\boldsymbol{A}\cdot\boldsymbol{B}$ は正か負のスカラーになる．例えば仕事 W は力 $\boldsymbol{F}$ と変位 $\boldsymbol{s}$ の内積 $W=\boldsymbol{F}\cdot\boldsymbol{s}=Fs\cos\theta$ で表される．式 (3) で示されたように内積では交換則 $\boldsymbol{A}\cdot\boldsymbol{B}=\boldsymbol{B}\cdot\boldsymbol{A}$ が成り立っており，同様にして分配則

$$\boldsymbol{A}\cdot(\boldsymbol{B}+\boldsymbol{C})=\boldsymbol{A}\cdot\boldsymbol{B}+\boldsymbol{A}\cdot\boldsymbol{C} \tag{4}$$

も成立することが示される．

次に内積の式 (3) をベクトル表現の式 (1) を用いて 3 次元成分で表してみよう．直交する単位ベクトルのスカラー積を考えると

$$\boldsymbol{i}\cdot\boldsymbol{i}=\boldsymbol{j}\cdot\boldsymbol{j}=\boldsymbol{k}\cdot\boldsymbol{k}=1,\quad \boldsymbol{i}\cdot\boldsymbol{j}=\boldsymbol{j}\cdot\boldsymbol{k}=\boldsymbol{k}\cdot\boldsymbol{i}=0 \tag{5}$$

となるから次のような内積の 3 次元成分による表現が得られる．

$$\begin{aligned}\boldsymbol{A}\cdot\boldsymbol{B}&=(A_x\boldsymbol{i}+A_y\boldsymbol{j}+A_z\boldsymbol{k})\cdot(B_x\boldsymbol{i}+B_y\boldsymbol{j}+B_z\boldsymbol{k})\\&=A_xB_x+A_yB_y+A_zB_z\end{aligned} \tag{6}$$

(2) ベクトルの外積

2つのベクトル $\boldsymbol{A}$ と $\boldsymbol{B}$ の外積を $\boldsymbol{A}\times\boldsymbol{B}$ で表し，この大きさは $\boldsymbol{A}$ と $\boldsymbol{B}$ を2辺とする平行四辺形の面積に等しい．すなわち $\boldsymbol{A}$ と $\boldsymbol{B}$ のなす角が θ のとき

$$|\boldsymbol{A}\times\boldsymbol{B}| = AB\sin\theta \qquad (7)$$

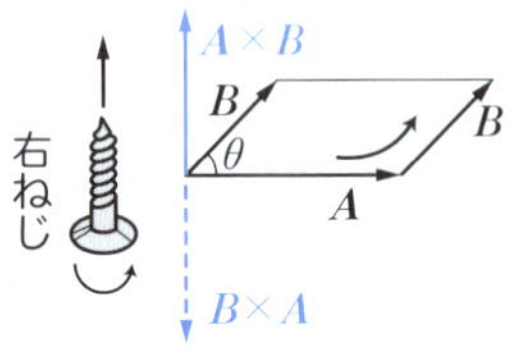

付図03　$\boldsymbol{A}$ と $\boldsymbol{B}$ の外積

で与えられる．またその向きは，付図03のように右ねじが $\boldsymbol{A}$ から $\boldsymbol{B}$ に向かって回転されたときに進む向きとする．したがって $\boldsymbol{B}\times\boldsymbol{A}$ では方向は逆になり，

$$\boldsymbol{B}\times\boldsymbol{A} = -\boldsymbol{A}\times\boldsymbol{B} \qquad (8)$$

となるので交換則は成立しない．しかし分配則

$$\boldsymbol{A}\times(\boldsymbol{B}+\boldsymbol{C}) = \boldsymbol{A}\times\boldsymbol{B}+\boldsymbol{A}\times\boldsymbol{C} \qquad (9)$$

は成り立つことが示される．このようにベクトルの外積はやはりベクトルになるので**ベクトル積**ともいう．外積の例としては力のモーメント $\boldsymbol{N}=\boldsymbol{r}\times\boldsymbol{F}$，角運動量 $\boldsymbol{L}=\boldsymbol{r}\times m\boldsymbol{v}$，電磁力 $\boldsymbol{F}=\boldsymbol{I}\times\boldsymbol{B}$ などがある．

次に3次元成分で外積を表してみよう．それには単位ベクトル $\boldsymbol{i}$，$\boldsymbol{j}$，$\boldsymbol{k}$ に式(7)，(8)などを用いて得られる関係

$$\boldsymbol{i}\times\boldsymbol{i}=\boldsymbol{j}\times\boldsymbol{j}=\boldsymbol{k}\times\boldsymbol{k}=0, \qquad \boldsymbol{i}\times\boldsymbol{j}=-\boldsymbol{j}\times\boldsymbol{i}=\boldsymbol{k}$$
$$\boldsymbol{j}\times\boldsymbol{k}=-\boldsymbol{k}\times\boldsymbol{j}=\boldsymbol{i}, \qquad \boldsymbol{k}\times\boldsymbol{i}=-\boldsymbol{i}\times\boldsymbol{k}=\boldsymbol{j} \qquad (10)$$

を用いればよい．したがって，外積 $\boldsymbol{A}\times\boldsymbol{B}$ は次のようになる．

$$\boldsymbol{A}\times\boldsymbol{B} = (A_x\boldsymbol{i}+A_y\boldsymbol{j}+A_z\boldsymbol{k})\times(B_x\boldsymbol{i}+B_y\boldsymbol{j}+B_z\boldsymbol{k})$$
$$=\boldsymbol{i}(A_yB_z-A_zB_y)+\boldsymbol{j}(A_zB_x-A_xB_z)+\boldsymbol{k}(A_xB_y-A_yB_x) \qquad (11)$$

これを記憶するには，右辺の単位ベクトルも含めて各成分を左から右に読んだとき，x，y，z，x，y，…の順に並ぶときは $+$，逆のものがあるときは $-$ をつけるとすればよい．

練習問題の解答

第2章　質点の運動

2.1

(1) 5000 m/3600 s ≅ 1.39 m/s

(2) 1500 m/(15 min・60 s) ≅ 1.67 m/s

(3) 42, 195 m/(2.0833 hour・3600 s) ≅ 5.63 m/s

(4) 100 m/9.58 s ≅ 10.44 m/s

(5) 90000 m/3600 s ≅ 25 m/s

2.2

所要時間は 1 時間 34 分 (94/60 h, 5640 s) である．したがって，

平均時速は 366 km/(94/60) h = 234 km/h,

平均秒速は 366000 m/5640 s = 64.9 m/s.

2.3

前半 20 km の所要時間は 20000/5.4 = 3704 s,

中盤 10 km の所要時間は 10000/5.0 = 2000 s,

終盤 12.195 km の所要時間は 12195/5.2 = 2346 s,

合計 8050 秒 (2 時間 14 分 10 秒)

なお，グラフは一見，直線に見えるが，じつは 3 本の折れ線となる．

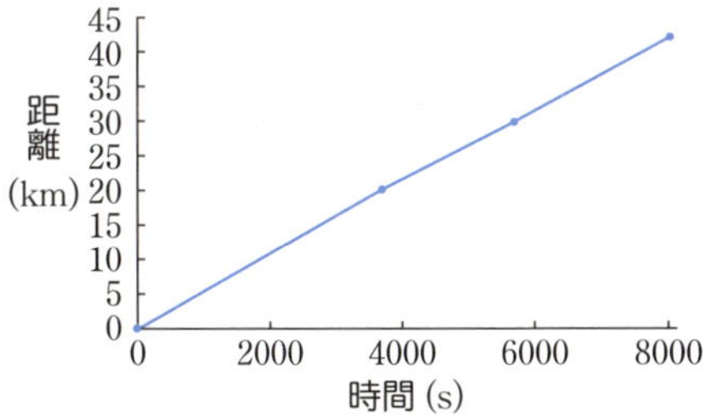

2.4

$v_0 = 90$ km/h = $(90 \times 1000)/3600 = 25$ m/s

最終速度 $v = 0$ m/s，時間 $t = 5$ なので，加速度 a は以下の式で計算できる．

$$a = \frac{v - v_0}{t} = \frac{0 - 25}{5} = -5\,\mathrm{m/s^2}$$

加速度は $-5\,\mathrm{m/s^2}$

$$d = v_0 t + \frac{1}{2} a t^2$$

より，

$$d = 25 \times 5 + \frac{1}{2} \times (-5) \times 5^2 = 62.5\,\mathrm{m}$$

2.5

$$v(t) = \frac{\mathrm{d}x}{\mathrm{d}t} = 4t^3 - 8t$$

$$a(t) = \frac{\mathrm{d}^2 x}{\mathrm{d}t^2} = 12t^2 - 8$$

より，

$$v(4) = 4(4)^3 - 8 \times 4 = 224\,\mathrm{m/s}$$

$$a(4) = 12(4)^2 - 8 = 184\,\mathrm{m/s^2}$$

2.6

(1) 速度は x を t で微分して，

$$v = \frac{\mathrm{d}x}{\mathrm{d}t} = 2\alpha t + \beta$$

(2) $v = 0$ となるのは，

$$2\alpha t + \beta = 0 \qquad \therefore t = -\frac{\beta}{2\alpha}$$

2.7

$$v = \frac{\mathrm{d}x}{\mathrm{d}t} = abe^{bt} + c$$

$$a = \frac{\mathrm{d}^2 x}{\mathrm{d}t^2} = ab^2 e^{bt}$$

2.8

$$y = x^2 \text{ より} \quad x^2 - y = 0$$

これを t で微分すると，

$$\frac{\mathrm{d}^2 x^2}{\mathrm{d}t^2} - \frac{\mathrm{d}y}{\mathrm{d}t} = 0$$

となる．積の微分公式より，

$$2x\frac{\mathrm{d}x}{\mathrm{d}t} - \frac{\mathrm{d}y}{\mathrm{d}t} = 0$$

が得られる，$\dfrac{\mathrm{d}x}{\mathrm{d}t} = v$ であるから，

$$\frac{\mathrm{d}y}{\mathrm{d}t} = 2xv$$

となる．加速度はこれをさらに時間微分したものであるため，

$$\frac{\mathrm{d}^2 y}{\mathrm{d}t^2} = \frac{\mathrm{d}}{\mathrm{d}t} 2xv$$

となる．積の微分公式より，

$$\frac{d^2y}{dt^2} = \frac{d}{dt}2xv = 2v\frac{dx}{dt} + 2x\frac{dv}{dt}$$

となる．$\frac{dx}{dt} = v$，$\frac{dv}{dt} = 0$ であるから，

$$\frac{d^2y}{dt^2} = 2v^2$$

となる．以上より軸方向の速度は $\frac{dy}{dt} = 2xv$（軸からの距離に比例する），その加速度は $\frac{d^2y}{dt^2} = 2v^2$（一定）となる．

2.9

(1) 第1式より $t = \frac{1}{2}x$．これを第2式に代入し，

$$y = -\frac{1}{2}x^2 + 2x$$

これを $0 \leqq t \leqq 2.5$ の領域で図示すると，図のようになる．

(2) 速度ベクトルは，

$$v_x = \frac{dx}{dt} = 2\ \text{m/s}$$

$$v_y = \frac{dy}{dt} = -4t + 4\ \text{m/s}$$

であるため，$t = 0$ のとき $v = (2, 4)$ m/s，$t = 1$ のとき $v = (2, 0)$ m/s，$t = 2$ のとき $v = (2, -4)$ m/s となる．これを図示すると上図のようになる．

(3) 加速度ベクトルは，

$$a_x = \frac{d^2x}{dt^2} = 0\ \text{m/s}^2$$

$$a_y = \frac{d^2y}{dt^2} = -4 = -4\ \text{m/s}^2$$

$$a = (0, -4)\ \text{m/s}^2$$

となる．

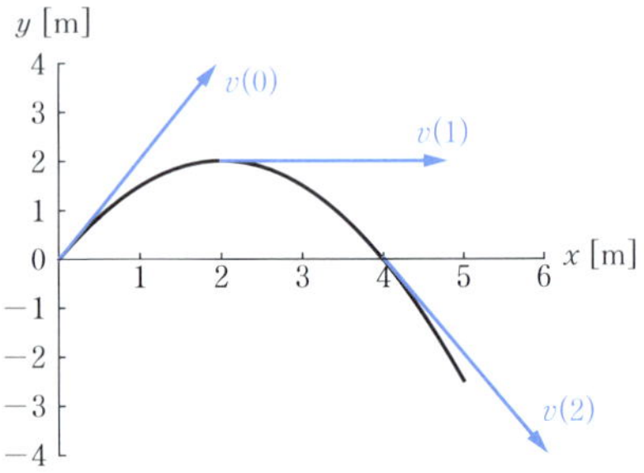

第３章　力と運動

3.1

(1) レールと動輪との間の摩擦力

(2) ロケットから噴射されるガスの反作用による推進力

3.2

時速 40 km/h を秒速に直すと 11.1 m/s である．この速さを 3 s で止める加速度は 11.1/3 = 3.7 m/s^2 である．

したがって，3.7 m/s^2 × 1000 kg = 3.7 kN を進行方向とは逆向きにかけるとよい．また 20 m 以内に止める場合 $v^2 = v_0{}^2 + 2ax$ より，$0 = (11.1)^2 + 2a \cdot 20$ から $a = 3.09$ m/s^2 の加速度が必要である．ここから力は 3.09 m/s^2 × 1000 kg = 3.1 kN が必要．

3.3

運動方程式は $\frac{dv}{dt} = \frac{F}{m}$，初期条件は $v(0) = 0$ であるため，

$$v(t) = v_0 + \int_0^t a(t)dt$$

より，

$$v(t) = 0 + \int_0^t \frac{F}{m}dt = \frac{F}{m}t$$

次に $\frac{dx}{dt} = \frac{F}{m}t$，$x(0) = 0$ であるから，

$$x(t) = x_0 + \int_0^t v(t)dt$$

より，

$$v(t) = 0 + \int_0^t \frac{F}{m}tdt = \frac{F}{2m}t^2$$

これらをグラフで示すと，図のようになる．

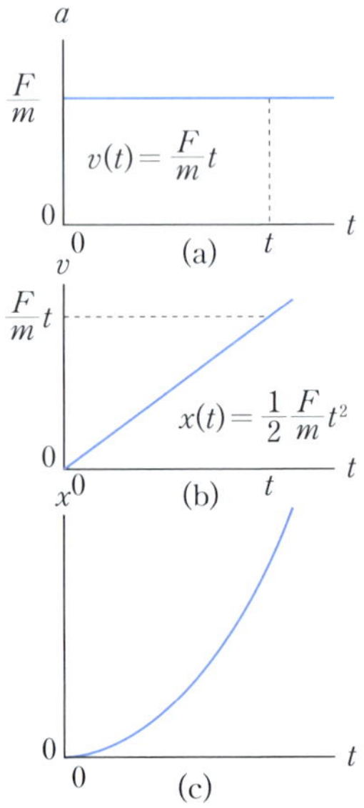

3.4

(1) $F = ma$ より $a = 40/10 = 4\ \mathrm{m/s^2}$

(2) $a = 20/10 = 2\ \mathrm{m/s^2}$

速度は以下式で計算できる．

$$v = v_0 + at$$

初速度 $v_0 = 0\ \mathrm{m/s}$ より，$v = 0 + 2 \times 5 = 10\ \mathrm{m/s}$.

一方，位置は以下式で計算できる．

$$x = x_0 + v_0 t + \frac{1}{2}at^2$$

初期位置 $x_0 = 0$ より，

$$x = 0 + 0 \times 5 + \frac{1}{2} \times 2 \times 5^2 = 25\ \mathrm{m}$$

(3) 加速度は $a = (-20)/10 = -2\ \mathrm{m/s^2}$

$v = v_0 + at$ より，物体が止まる時間は，

$$0 = 20 - 2t, \quad t = 10\ \mathrm{s}$$

$x = x_0 + v_0 t + \frac{1}{2}at^2$ より，

$$x = 0 + 20 \times 10 + \frac{1}{2} \times (-2) \times 10^2 = 100\ \mathrm{m}$$

(4) 与えられた条件は，初速度 $v_0 = 40\ \mathrm{m/s}$，時間 $t = 5\ \mathrm{s}$ での速度 $v = 15\ \mathrm{m/s}$.

速度の変化から $v = v_0 + at$ より，

$$15 = 40 + a \times 5$$

すなわち，

$$a = -5\ \mathrm{m/s^2}$$

作用した力は，

$$F = ma = 10 \times (-5) = -50\ \mathrm{N}$$

3.5

A，B は同じ加速度 (a) で運動する．

(1) A について上向きを正として，

$$m_1 a = T - m_1 g \sin\alpha$$

B について下向きを正として，

$$m_2 a = m_2 g - T$$

(2) (1) で示した 2 式を合わせると，

$$m_1 a + m_2 a = T - m_1 g \sin\alpha + m_2 g - T$$

これより，

$$a = \frac{-m_1 g \sin\alpha + m_2 g}{m_1 + m_2}$$

これを A に関する運動方程式に代入すると，

$$T = m_1 a + m_1 g \sin\alpha = \frac{m_1 m_2 g(1 + \sin\alpha)}{m_1 + m_2}$$

3.6

列車の加速度を a とする．列車の全質量は $M + nm$ である．

運動の第 2 法則より $F = (M + nm)a$ と表せる．よって加速度は，

$$a = \frac{F}{(m + nm)}$$

となる．

次に $(k+1)$ 両目以下の全客車について，その質量は $(n-k)m$ 加速度は a なので，$S = (n-k)ma$ が成り立つ．よって，

$$S = (n-k)m \cdot \frac{F}{(m + nm)}$$

あるいは，k 両目までの部分は，残りの部分から S と反対向きの力 $-S$ を受けていると考えることができる．

よって機関車と k 両目までの客車を考えると，

$$F - S = (M + km)a = \frac{F(M + km)}{(M + nm)}$$

$$S = \frac{F(M + nm - M - km)}{(M + nm)} = \frac{Fm(n-k)}{(M + nm)}$$

3.7

質量 x の砂袋を捨てるとする．また上向きを正，下向きを負とすると，

下降中の運動方程式は $f - Mg = M(-a)$

上昇中の運動方程式は $f - (M - x)g = (M - x)A$

上記 2 式を合わせると，

$$x = \frac{A + a}{A + g}M$$

3.8

重力加速度 $9.8\ \mathrm{m/s^2}$，$40\ \mathrm{m}$ から真下に初速 v_0 で投げるとする．以下式より，

$$x = x_0 + v_0 t + \frac{1}{2}at^2$$

$$0 = 40 + v_0 \times 2.5 + \frac{1}{2}(-9.8) \times 2.5^2$$

これより，

$$v_0 = -3.75\ \mathrm{m/s}$$

同じ速さで上に投げ上げる場合，

$$0 = 40 + 3.75t + \frac{1}{2}(-9.8)t^2$$

となる．これを解くと，

$$t = 3.27\ \mathrm{s}$$

3.9

(1) 水平方向の速さを v_x，鉛直方向の速さを v_y とすると，任意の位置における速さは，

$$v = \sqrt{v_x^2 + v_y^2}$$

である．最高点に達したときは，

$$v_y = 0,\ \ v_x = 19\ \mathrm{m/s}$$

となる．水平到達距離は，

$$19\ \mathrm{m/s} \times (2.5 \times 2)\mathrm{s} = 95\ \mathrm{m}$$

である．

(2) また，初速度の鉛直方向成分は，

$$\sqrt{19^2 + v_y^2} = 31$$

であるから，$v_{y0} = 24.5\ \mathrm{m/s}$ である．

$vt^2 - v_0{}^2 = -2gh$ から，

$$0 - 24.5^2 = -2 \times 9.8 \times h$$

となり $h = 31\ \mathrm{m}$ を得る．

3.10

x 方向には力がはたらかないので，x 方向の速度成分は変化しない．

突入点を座標の原点にとると，t 時間後の x 方向の位置は，

$$x = v_0 t \quad \cdots\cdots ①$$

電子の y 方向に関する運動方程式は，

$$m\frac{\mathrm{d}^2 y}{\mathrm{d}t^2} = eE \quad \cdots\cdots ②$$

となる．

突入時に y 方向の速度成分はないので，t 時間後の y 方向の位置は②を積分して，

$$m\frac{\mathrm{d}y}{\mathrm{d}t} = eEt + c,\ \ t = 0$$

のとき $\frac{\mathrm{d}y}{\mathrm{d}t} = 0$ より，

$$m\frac{\mathrm{d}y}{\mathrm{d}t} = eEt$$

$$my = \frac{1}{2}eEt^2 + c,\ \ t = 0$$

のとき $y = 0$ より，

$$my = \frac{1}{2}eEt^2$$

となる．よって，

$$y = \frac{eE}{2m}t^2 \quad \cdots\cdots ③$$

①，③より t を消去すると，

$$y = \frac{eE}{2m}\frac{x^2}{v_0^2} \quad \cdots\cdots ④$$

式④により電子の軌道が求まる．

これより ℓ だけ走ったときにずれる量は，

$$y = \frac{eE}{2m}\frac{\ell^2}{v_0^2}$$

となるため，x 軸となす角 $\frac{\mathrm{d}y}{\mathrm{d}x}$ は，

$$\left(\frac{\mathrm{d}y}{\mathrm{d}x}\right)_{x=\ell} = \left(\frac{eEx}{mv_0^2}\right)_{x=\ell} = \frac{eE\ell}{mv_0^2}$$

3.11

水平方向 x，垂直方向 y それぞれでの運動方程式は，

$$f_x = \frac{\mathrm{d}^2 x}{\mathrm{d}t^2} = 0$$

$$f_y = \frac{\mathrm{d}^2 y}{\mathrm{d}t^2} = -mg$$

となる．初期条件 $(t = 0)$ はそれぞれ，

$$x = 0,\ \ v_{x_0} = v_0 \cos\theta,\ \ y = 0,\ \ v_{y_0} = v_0 \sin\theta$$

となる．

運動方程式をそれぞれ積分すると，

$$\frac{\mathrm{d}x}{\mathrm{d}t} = c_1,\ \ x = c_1 t + c_2$$

$$\frac{\mathrm{d}y}{\mathrm{d}t} = -gt + c_3,\ \ y = -\frac{g}{2}t^2 + c_3 t + c_4$$

初期条件より，

$$c_1 = v_0\cos\theta,\ \ c_2 = 0,\ \ c_3 = v_0\sin\theta,\ \ c_4 = 0$$

であるから，

$$x = v_0 t\cos\theta \quad \cdots\cdots ①$$

$$y = -\frac{g}{2}t^2 + v_0 t\sin\theta \quad \cdots\cdots ②$$

となる．

到達点では $y = 0$ であるから，②式より，

$$y = -\frac{g}{2}t^2 + v_0 t\sin\theta = 0$$

$t \neq 0$ であるから，

$$t = \frac{2v_0\sin\theta}{g}$$

となる．

これを変形すると，

$$v_0\sin\theta = \frac{gt}{2} \quad \cdots\cdots ③$$

となる．

ここから，初速 $v_0 = \dfrac{gt}{2\sin\theta}$ を得る．到達距離は①式より $L = v_0 t \cos$ となるので，これを変形すると以下式が得られる．

$$v_0 \cos\theta = \frac{L}{t} \cdots\cdots\cdots\cdots\cdots\cdots④$$

式③と式④の比をとると，

$$\frac{\sin\theta}{\cos\theta} = \frac{gt/2}{L/t}$$

となる．$\dfrac{\sin\theta}{\cos\theta} = \tan\theta$ であるから，

$$\tan\theta = \frac{gt^2}{2L}$$

を得る．ここから角度 θ は以下のように求める．

$$\theta = \tan^{-1}\left(\frac{gt^2}{2L}\right)$$

3.12

(1) 水平方向・鉛直方向の位置は以下で表される．

$$x = v\cos\theta\cdot t$$
$$y = v\sin\theta\cdot t - \frac{1}{2}gt^2$$

この 2 式から時間 t を消去すると，

$$y = \tan\theta\cdot x - \frac{gx^2}{2v^2\cos^2\theta} \cdots\cdots\cdots\cdots①$$

$\cos^2\theta + \sin^2\theta = 1$ の両辺を $\cos^2\theta$ で割ると，

$$\frac{1}{\cos^2\theta} = 1 + \tan^2\theta$$

を得る．①に $\dfrac{1}{\cos^2\theta} = 1 + \tan^2\theta$ を代入して整理すると，

$$\tan^2\theta - \frac{2v^2}{gx}\tan\theta + \left(1 + \frac{2v^2 y}{gx^2}\right)$$

これを $\tan\theta$ についての二次方程式とみて解くと，

$$\tan\theta = \frac{v^2}{gx}\left[1 \pm \sqrt{1 - \frac{2g}{v^2}\left(y + \frac{gx^2}{2v^2}\right)}\right] \cdots②$$

(2) $\tan\theta$ は実数でなければならない．すなわち式 2 の判別式 $D \geqq 0$ という条件より，

$$y \leqq \frac{v^2}{2g} - \frac{gx^2}{2v^2}$$

3.13

静止最大摩擦力は，

$$f_0 = \mu_0 mg = 0.62 \times 100 \times 9.8 = 607\ \mathrm{N}$$

動摩擦力は，

$$f_0 = \mu_0 mg = 0.48 \times 100 \times 9.8 = 470\ \mathrm{N}$$

である．はじめ 607 N を超える力で押し，動き出したら 470 N の力で押し続ける．

3.14

物体がすべり出すとき，静止摩擦力と重力の平行成分がつり合っているため，

$$mg\sin 30^\circ = mg\cos 30^\circ \mu$$

これより，

$$\mu = \tan 30^\circ \approx 0.577$$

2 s で 2.8 m すべり降りたので加速度は，

$$x = \frac{1}{2}at^2 \text{ より } 2.8 = \frac{1}{2}a \times 2^2$$

すなわち $a = 1.4\ \mathrm{m/s^2}$ を得る．

物体が滑る間，平行方向の重力成分 $mg\sin 30^\circ$ と動摩擦力 $mg\cos 30^\circ \mu'$ が生じているため，

$$ma = mg\sin 30^\circ - mg\cos 30^\circ \mu'$$

を得る．これより，

$$\mu' \approx 0.412$$

3.15

落下運動から静止状態への変化という運動量変化を体にさせるために，地面が作用する抗力の大きさは，作用時間に反比例するため．

3.16

まず，時速 150 km/h を m/s に変換する．

$$v = (150 \times 1000)/3600 = 41.67\ \mathrm{m/s}$$

ボールが投手から投げられたときの運動量（打たれる前）は，

$$p_{前} = m \times v = 0.150 \times 41.67 = 6.25\ \mathrm{kg\ m/s}$$

ボールが逆向きに同じ速度で打ち返された後の運動量は，

$$p_{後} = -6.25\ \mathrm{kg\ m/s}$$

力積 I は，運動量の変化（はじめの運動量と後の運動量の差）として表されるので．

$$I = p_{後} - p_{前} = -6.25 - 6.25 = -12.5\ \mathrm{kg\ m/s}$$

3.17

運動量保存則より，

$$mv + 0 = (M + m)v'$$

これより，

$$v' = \frac{m}{M + m}v$$

3.18

衝突の前後で運動量が保存されるため，次の式が成り立つ．

$$m_1v_1 + m_2v_2 = m_1v'_1 + m_2v'_2$$

ここで，衝突前の物体Bの速度は0($v_2 = 0$)なので，式は次のように簡略化される．

$$m_1v_1 = m_1v'_1 + m_2v'_2$$

これを展開すると，

$$3 \times 5 = 3v'_1 + 4v'_2$$

また，反発係数の定理により次の式が得られる．

$$e = \frac{v'_2 - v'_1}{v_1}$$

これに数値を代入すると，

$$0.7 = \frac{v'_2 - v'_1}{5}$$

上記式を解くと，

$$v'_1 = 0.14\ \mathrm{m/s},\ v'_2 = 3.64\ \mathrm{m/s}$$

となる．

3.19

ベルトコンベア上で運ばれる土砂の質量 M は，質量流量 m とベルトコンベアの長さ d を速度 v で割ったものとして表される（$M = m\dfrac{d}{v}$）．

力は運動量の時間微分に対応するので，

$$\frac{\mathrm{d}(Mv)}{\mathrm{d}t} = f - Mg\sin\theta$$

を得る．ここで $\sin\theta = \dfrac{h}{d}$ である．$M = m\dfrac{d}{v}$ を用いると，

$$\frac{\mathrm{d}(Mv)}{\mathrm{d}t} = \frac{\mathrm{d}(md)}{\mathrm{d}t}$$

となる．さらに変形すると，

$$\frac{\mathrm{d}(md)}{\mathrm{d}t} = m\frac{\mathrm{d}(d)}{\mathrm{d}t} = mv$$

を得る．

ここから $mv = f - Mg\sin\theta$ となり，以下のように導出できる．

$$f = mv + Mg\sin\theta = mv + \frac{md}{v}g\frac{h}{d} = mv + \frac{mgh}{v}$$

3.20

(1) ボートが左側と右側に浮いているとする．まず，左の人がボールを投げた．投げる前のボート・人・ボールの運動量はゼロである．よって，運動量保存則により，ボールが獲得した右向きの運動量に対応して，左の人・ボートは左向きの運動量をもつ．つまり，ボートは左側へ進む．

次に，右の人がボールを受けたとき，運動量保存則によって，右のボート・人・ボールは右へ進む．同様に，右の人がこのボールを投げ返したときには右のボート・人はさらに右へ進む．

これを繰り返すと2そうのボートは互いに反対方向に進むことになる．

(2) 同一のボートでは，左の人がボールを投げたときに得る左向きの運動量は，そのボールを右の人が受けたときにもつ右向きの運動量に打ち消される．ボートに小さい往復運動をさせることはできるかもしれないが，一方の向き（片方の向き）に進ませることはできない．

第4章　仕事とエネルギー

4.1

(1) $50\ \mathrm{kg} \times 9.8\ \mathrm{m/s^2} \times 3000\ \mathrm{m} = 1.47 \times 10^6\ \mathrm{J}$

(2) $\dfrac{1.47 \times 10^6\ \mathrm{J}}{3.8 \times 10^7 \times 0.2\ \mathrm{J/kg}} = 0.193\ \mathrm{kg}$

4.2

40 m 上がる仕事は，

$$40\ \mathrm{m} \times 60\ \mathrm{kg} \times 9.8\ \mathrm{m/s^2} = 23520\ \mathrm{J}$$

これを15秒で割ると，平均仕事率は，

$$\frac{23520\ \mathrm{J}}{15\ \mathrm{s}} = 1568\ \mathrm{W}$$

4.3

ポンプの仕事率は 8.0×10^3 W であり，これはポンプが1秒間に 8.0×10^3 J のエネルギーを使って水をくみ上げることを意味する．水を高さ50 m まで持ち上げるための仕事は，

$$W = mgh$$

であるので，1秒当たりにくみ上げられる水の質量を m とすると，

$$8.0 \times 10^3 = m \times 9.8 \times 50$$

より $m = 16.3$ kg．つまり1秒間にくみ上げられる水の体積は，

16.3 L

4.4

(1) $\frac{1}{2}mv^2 = \frac{1}{2} \times 10 \times (20)^2 = 2000$ J

(2) 仕事は運動エネルギーの増加量である 2000 J.
これが 10 m 力を加えた仕事量であるから,

$$F = 2000/10 = 200 \text{ N}$$

4.5

(1) 衝突前後の運動量が保存されるため，次の式が成り立つ.

$$m_1v_1 + m_2v_2 = m_1v'_1 + m_2v'_2$$

ここで，衝突前の物体 B の速度は,

$$v_2 = 0 \text{ m/s}$$

衝突後の物体 A の速度は,

$$2 \times 4 + 3 \times 0 = 2v'_1 + 3 \times 2$$

これより $v'_1 = 1$ m/s

(2) 衝突前の運動エネルギーの和は $\frac{1}{2}m_1{v_1}^2$ より,

$$\frac{1}{2}(2 \times 4^2) = 16 \text{ J}$$

衝突後の運動エネルギーの和は,
$\frac{1}{2}m_1{v'_1}^2 + \frac{1}{2}m_2{v'_2}^2$ より

$$\frac{1}{2}(2 \times 1^2) + \frac{1}{2}(3 \times 2^2) = 7 \text{ J}$$

よってその差の 9 J が失われた.

4.6

A と B の高さは等しいので,

$$1 \times \cos 30° = 0.5 + 0.5 \cos \theta$$

これより,

$$\cos \theta = \sqrt{3} - 1,\ \theta = 43°$$

4.7

ばねは，自然長になるまで小球を押し続ける．自然長になったときに小球はばねを離れる．そのときの速さを v とすれば,

$$\frac{1}{2}k{x_0}^2 = \frac{1}{2}(M + m)v^2$$

$$v = \sqrt{\frac{k}{M + m}}x_0$$

4.8

重力加速度 g とすると，点 A における球の位置エネルギーは mgH となる.

また，点 B における球の位置エネルギーと運動エネルギーの合計は,

$$\frac{1}{2}mv^2 + mgh$$

となる. さらに, 点Cにおける球の運動エネルギーは,

$$\frac{1}{2}m{v_e}^2$$

である.

力学的エネルギーは保存されるから，これらは常に同一の値となる．すなわち,

$$mgH = \frac{1}{2}mv^2 + mgh$$

$$mgH = \frac{1}{2}m{v_e}^2$$

となるから,

$$v = \sqrt{2g(H - h)}$$
$$v_e = \sqrt{2gH}$$

4.9

物体には斜面下向きに $mg \sin \theta$，斜面上向きに $\mu mg \cos \theta$ の摩擦力が生じる．したがって距離 x だけ滑りおりた後の物体の速さを v とすると重力と摩擦力が行った仕事が，運動エネルギーの変化量となるため,

$$\frac{1}{2}mv^2 = (mg \sin \theta - \mu mg \cos \theta)x$$

を得る.

これより,

$$v = \sqrt{2gx(\sin \theta - \mu \cos \theta)}$$

物体が滑り終りた後の,（はじめの位置を基準にした）ポテンシャルエネルギーは,

$$U = -mgx \sin \theta$$

である. したがって, そのときの力学的エネルギーは,

$$E = \frac{1}{2}mv^2 + U = -\mu mg \cos \theta x$$

となる.

はじめの運動エネルギーは 0，位置エネルギーも（はじめの位置を基準としているため）0 であるから，力学的エネルギーは 0 である．すなわち $-\mu mg \cos \theta x$ が失われた力学的エネルギーであり，この大きさは摩擦力が行った仕事に等しい.

4.10

v と V とは異符号である．水平方向には両質点に外力が作用していないから（外力は鉛直方向に作用する重力のみ），運動量保存則が適用できる．

$$mv + MV = 0$$

0 となるのは，互いの初速度の合計が 0 だからである．運動エネルギーは増加するが，これは，ソリがはじめにもっていた重力ポテンシャルからまかなわれる．すなわち，

$$\frac{1}{2}mv^2 + \frac{1}{2}MV^2 = mgh$$

これらの式から，

$$v = \sqrt{\frac{2gh}{1 + m/M}}, \quad V = \sqrt{\frac{2m^2gh}{M(M + m)}}$$

もし，滑り台のほうが圧倒的に重いのならば（すなわち $M \gg m$），

$$V \approx 0, \quad v \approx \sqrt{2gh}$$

となり，この場合の運動は，実質的に滑り台は固定された状態であり，その上をソリが滑り下りるだけとなる．

第5章　回転運動と角運動量

5.1

5章1，2節を参照せよ．

5.2

$$100\ \mathrm{N} \times 2\ \mathrm{m} = 200\ \mathrm{N\,m}$$

バランスウェイトの追加：トラクターの反対側におもりを取りつけることで，モーメントによる傾きを相殺し，安定性を向上させることができる．

広い車輪ベース：車輪間の距離を広くすることで，トラクターの重心を低くし，モーメントの影響を抑えることができる．

作業アームの適切な操作：アームにかかる力が大きくならないように，作業アームの角度や動作を適切に制御することも重要．

5.3

右側のモーメントは $100\ \mathrm{N} \times 2\ \mathrm{m} = 200\ \mathrm{N\,m}$

左側のモーメントは $F_L \times 4\ \mathrm{m}$

ここから，$F_L = 100\ \mathrm{N\,m}$

5.4

物体が等速円運動をしている間，半径 r および速度の大きさ v は一定であるため，角運動量 $L = rmv$ は時間が経過しても変化しない．

力 F は物体を円軌道上にとどめる役割を果たしており，加速度は向心加速度 $a = v^2/r$ となる．中心力の大きさはニュートンの第2法則から以下のように求めることができる．

$$F = ma = m\frac{v^2}{r}$$

角運動量の大きさは $L = rmv$ であり，速度が 2 倍になると，角運動量も 2 倍になる．中心力は 4 倍になる．

5.5

この問題では，摩擦が無いため，外力によるモーメントが存在しない．したがって，角運動量は保存される．物体の初期の角運動量 L_0 は次のように表される．

$$L_0 = mr_0v_0$$

円軌道の半径が r に下がった後の角運動量 L も同じであるため，角運動量保存則により，

$$mrv = mr_0v_0$$

これを v について解くと，

$$v = \frac{r_0v_0}{r}$$

糸の張力 T が円運動を維持するための向心力として作用している．

向心力の大きさは以下式で表される．

$$T = m\frac{v^2}{r}$$

$v = \dfrac{r_0v_0}{r}$ を代入すると

$$T = m\frac{\left(\frac{r_0v_0}{r}\right)^2}{r} = m\frac{r_0^2v_0^2}{r^3}$$

5.6

ケプラーの第3法則によれば，軌道の半径 r と周期 T の関係は次のように表される．

$$T^2 \propto r^3$$

ここで軌道半径が r から $2r$ に変わった場合，周期 T_1 から新しい周期 T_2 の関係は次の式で表される．

$$\left(\frac{T_2}{T_1}\right)^2 = \left(\frac{2r}{r}\right)^3 = 2^3 = 8$$

したがって，

$$\frac{T_2}{T_1} = \sqrt{8} = 2\sqrt{2}$$

つまり，軌道半径が倍になったとき，人工衛星の周期は元の周期の $2\sqrt{2}$ 倍になる．

月の周期を $T_{\mathrm{moon}} = 27$ 日，人工衛星の周期を $T_{\mathrm{sat}} = 1$ 日とすると，これらの周期と軌道半径 r_{moon} および r_{sat} の関係は次のように表される．

$$\left(\frac{T_{\mathrm{sat}}}{T_{\mathrm{moon}}}\right)^2 = \left(\frac{r_{\mathrm{sat}}}{r_{\mathrm{moon}}}\right)^3$$

これを解くと，

$$\left(\frac{r_{\mathrm{sat}}}{r_{\mathrm{moon}}}\right)^3 = \left(\frac{1}{27}\right)^2$$

より，

$$\frac{r_{\mathrm{sat}}}{r_{\mathrm{moon}}} = \frac{1}{9}$$

したがって，周期 1 日で地球を回る人工衛星の軌道半径は，月と地球の距離の 1/9 である．

5.7

太陽の質量 M，地球の質量 m，太陽と地球の距離を r，地球の速度を v とすると太陽からの万有引力と回転による向心力がつり合っているので，

$$G\frac{Mm}{r^2} = \frac{mv^2}{r}$$

回転周期 T は $T = \dfrac{2\pi r}{v}$ となるため，

$$v = \frac{2\pi r}{T}$$

これを上の式に代入すると，

$$M = \frac{4\pi^2 r^3}{GT^2}$$

ここに以下値を代入する．

$$r = 1.5 \times 10^{11}\ \mathrm{m}$$

$$T = 365 \times 24 \times 60 \times 60 = 3.15 \times 10^7\ \mathrm{s}$$

万有引力定数 $G = 6.67 \times 10^{-11}\ \mathrm{N\ m^2/kg^2}$

$$\mathrm{M} \approx 2 \times 10^{30}\ \mathrm{kg}$$

5.8

ロケット（質量 m）の発射速度 v

地球の半径 $R_{\mathrm{E}} = 6.37 \times 10^6\ \mathrm{m}$

質量 $M_{\mathrm{E}} = 5.97 \times 10^{24}\ \mathrm{kg}$

発射直後のロケットのエネルギーは，運動エネルギーと位置エネルギーの和であるから，

$$\frac{1}{2}mv^2 + \left(-G\frac{M_E m}{R_E}\right) = \frac{1}{2}mv^2 - mgR_E$$

である．

ロケットが引力圏を離脱することは位置エネルギーが 0 を超えることを意味する．したがって，その条件は，

$$\frac{1}{2}mv^2 - mgR_e > 0$$

となる．すなわち，

$$v^2 > \sqrt{2gR_E} = \sqrt{2 \times 9.8 \times 6.37 \times 10^6}$$
$$= 1.12 \times 10^4\ \mathrm{m/s}$$

第6章　質点系と剛体のふるまい

6.1

密度を ρ とすると，重心は，

$$\frac{\int_0^R \rho\pi(R^2 - x^2)x\mathrm{d}x}{\int_0^R \rho\pi(R^2 - x^2)\mathrm{d}x}$$

で与えられる．すなわち解は $\frac{3}{8}R$．

6.2

斜線領域Dは，「座標原点Oを中心とし半径が R の円板（これを領域Sとする）」から，「点 $\mathrm{C}(\frac{R}{2}, 0)$ を中心とし，半径が $\frac{R}{2}$ の円板（D′とする）」をくり抜くことで得られる．

領域Dの質量中心をGとすれば，領域形状の対称性から，Gは x 軸上にある．

円板Sの質量中心はOである．ここから以下関係式が導かれる．

$$\boldsymbol{r}_{\mathrm{G}}^{\mathrm{S}} = \frac{m}{M}\boldsymbol{r}_{\mathrm{G}}^{\mathrm{D}} + \frac{m'}{M}\boldsymbol{r}_{\mathrm{G}}^{\mathrm{D'}}$$

ここで領域Dの質量 m は，

$$m = \rho\pi\left(R^2 - \left(\frac{R}{2}\right)^2\right)$$

円板D′の質量 m' は，

$$m' = \rho\pi\left(\left(\frac{R}{2}\right)^2\right)$$

である．また $M = m + m' = \rho\pi R^2$，$\boldsymbol{r}_{\mathrm{G}}^{\mathrm{S}} = \boldsymbol{0}$ となる．

このとき，点G（領域Dの質量中心）の位置ベクトルは，

$$\boldsymbol{r}_{\mathrm{G}}^{\mathrm{D}} = -\frac{m'}{m}\boldsymbol{r}_{\mathrm{G}}^{\mathrm{D'}} = -\frac{1}{3}\boldsymbol{r}_{\mathrm{G}}^{\mathrm{D'}} = -\frac{R}{6}\boldsymbol{i}$$

となる．

6.3

(1)

$$\frac{30\,\mathrm{kg} \times 3\,\mathrm{m} \times 100\,\mathrm{kg} \times 5\,\mathrm{m}}{130\,\mathrm{kg}} = 4.54\mathrm{m}$$

すなわち乗り場の端から4.54 m．

(2)

$130\,\mathrm{kg} \times 4.54\,\mathrm{m} = (x+2) \times 100\,\mathrm{kg} + (x+4) \times 30\,\mathrm{kg}$

より，$x = 2.1\,\mathrm{m}$．

6.4

(1) 棒の中心を通る軸まわりの慣性モーメントは，以下の公式で与えられる．

$$I_{\mathrm{center}} = \frac{1}{12}mL^2$$

(2) 棒の端を通る軸まわりの慣性モーメントは，以下の公式で与えられる．

$$I_{\mathrm{end}} = \frac{1}{3}mL^2$$

(3)

$$I_{\mathrm{center}} = \frac{1}{12}2\,\mathrm{kg} \times (1\,\mathrm{m})^2 = 0.167\,\mathrm{kg\,m^2}$$

$$I_{\mathrm{end}} = \frac{1}{3}2\,\mathrm{kg} \times (1\,\mathrm{m})^2 = 0.667\,\mathrm{kg\,m^2}$$

6.5

(1)

$$I = \int r^2 dm = R^2 dm = MR^2$$

(2) 棒の長さ dx の部分の質量は，

$$dm = M\left(\frac{dx}{L}\right) = \left(\frac{M}{L}\right)dx$$

より，

(3)

$$I = \int r^2 dm = \int_0^L x^2\left(\frac{M}{L}\right)dx = \frac{M}{L}\int_0^L x^2 dx$$
$$= \frac{M}{L}\left[\frac{x^3}{3}\right]_0^L = \frac{1}{3}ML^2$$

(4) 円柱の密度 ρ は $\frac{M}{\pi R^2 L}$，半径 r と $r + \mathrm{d}r$ の間の厚さ $\mathrm{d}r$ の質量 $\mathrm{d}m$ は $\rho(2\pi r\mathrm{d}r)L$ なので，

$$I = \int r^2 dm = 2\pi\rho L\int_0^R r^3 dr = 2\pi\rho L\left[\frac{r^4}{4}\right]_0^R$$
$$= \frac{1}{2}\pi\rho LR^2 = \frac{1}{2}MR^2$$

6.6

$\frac{I}{M}$ が最小である液体のジュースの入った缶がもっとも早い．次に，中の凍ったジュース缶．

6.7

慣性モーメント I は $\frac{MR^2}{2}$ で表される．ここで M は質量，$R = 1\,\mathrm{m}$ は半径．

角速度は，

$$\omega = 2\pi \times \frac{600}{60} = 20\pi\,\mathrm{rad/s}$$

よって回転エネルギーは，

$$K = \frac{I\omega^2}{2} = 2.5 \times 10^7\,\mathrm{J}$$

第7章　固体の変形

7.1

長さが ℓ_1, ℓ_2, ℓ_3 の直方体が荷重を受け，それぞれの方向に一様なひずみ $\varepsilon_1, \varepsilon_2, \varepsilon_3$ を生じたと考える．

直方体のはじめの体積は，

$$V = \ell_1 \cdot \ell_2 \cdot \ell_3$$

直方体の変形後の体積は，

$$V' = \ell_1(1+\varepsilon_1) \cdot \ell_2(1+\varepsilon_2) \cdot \ell_3(1+\varepsilon_3)$$

よって，

$$\begin{aligned}\varepsilon_v &= \frac{\Delta V}{V} = \frac{V' - V}{V} \\ &= \frac{\ell_1(1+\varepsilon_1) \cdot \ell_2(1+\varepsilon_2) \cdot \ell_3(1+\varepsilon_3) - \ell_1 \cdot \ell_2 \cdot \ell_3}{\ell_1 \cdot \ell_2 \cdot \ell_3} \\ &= (1+\varepsilon_1)(1+\varepsilon_2)(1+\varepsilon_3) - 1\end{aligned}$$

ε_1, ε_2, ε_3 は1に比べて小さいので，2次以上の項を省略すると，

$$\varepsilon_v \fallingdotseq \varepsilon_1 + \varepsilon_2 + \varepsilon_3$$

7.2

応力，ひずみについては以下のような関係がある．

$$\sigma = \frac{P}{A}, \quad \varepsilon = \frac{\lambda}{\ell}, \quad \sigma = E\varepsilon$$

したがって $\dfrac{P}{A} = E\dfrac{\lambda}{\ell}$ となり，$\lambda = \dfrac{P\ell}{AE}$ となる．

7.3

ロープの径を d, 使用本数を n 本とする．使用するすべてのロープには一様な応力が生じるものとして，

$$\sigma = \frac{P}{n \cdot \pi\left(\dfrac{d^2}{4}\right)}$$

よって，この応力が次式を満たす必要がある．

$$\sigma \geqq \frac{\sigma_t}{s}$$

σ_t は引張強さ，s は安全率である．以上より，

$$n \geqq \frac{4P}{\pi d^2 \sigma_t}$$

ここで，$d = 2$ cm，$\mathrm{P} = 4 \times 10^4$ N，$\sigma_t = 50$ MPa，$s = 3$ であるから，$n \geqq 7.6$.

したがって，最低8本必要となる．

7.4

丸棒の径を d とすると，生じる応力は，

$$\sigma = \frac{4P}{\pi d^2}$$

一方，$\sigma \geqq \dfrac{\sigma_t}{s}$ を満たす必要がある．

したがって，

$$d \geqq \sqrt{\frac{4Ps}{\pi \sigma_t}} = \sqrt{\frac{4 \times 3 \times 10^2 \times 2}{90\pi}} = 29.1\mathrm{mm}$$

7.5

(1) 座標 x より下の部分にはたらく重力の大きさは，

$$F = \rho S(\ell - x)\mathrm{g}$$

つまり応力は，

$$f = \frac{F}{S} = \rho(\ell - x)\mathrm{g}$$

(2) 伸びひずみ $\varepsilon = \dfrac{\mathrm{d}\lambda}{\mathrm{d}x}$，$f = E\varepsilon$ より，

$$\varepsilon = \frac{\mathrm{d}\lambda}{\mathrm{d}x} = \frac{\rho g}{E}(\ell - x)\mathrm{d}x$$

よって，

$$\mathrm{d}\lambda = \frac{\rho g}{E}(\ell - x)\mathrm{d}x$$

(3) 棒全体の伸びは(2)の解答を積分することで得る．

$$\lambda = \int \mathrm{d}\lambda = \int_0^\ell \frac{\rho g}{E}(\ell - x)\mathrm{d}x = \frac{\rho g}{2E}\ell^2$$

第８章　振動学・流体力学の基礎

8.1

$T = 2\pi\sqrt{\dfrac{\ell}{g}}$ より $2 = 2\pi\sqrt{\dfrac{\ell}{9.8}}$

$\ell = 0.99$ m

8.2

$kx = mg\sin 45^\circ$ より，

$$k = \frac{2 \times 9.8 \times \frac{\sqrt{2}}{2}}{0.02} = 693\ \text{N/m}$$

8.3

ばねの自然長を ℓ_0，吊り下げたときのつり合いの状態での長さを ℓ とすると，重力とばねによる弾性力との力のつり合いから，

$mg = k(\ell - \ell_0)$ ………………①

となる．おもりをこの位置から下向きに x だけ変位させると，おもりにはたらく力は（下向きを正として）

$f = mg - k(\ell + x - \ell_0)$

式①を用いると $f = -kx$ となる．おもりの運動方程式は，

$$m\frac{d^2x}{dt^2} = -kx$$

となるため，固有角振動数は床の上においたときと同じ $\omega = \sqrt{\dfrac{k}{m}}$ となる．

8.4

ばねの単振動の運動方程式は，

$$\frac{d^2x}{dt^2} = -\omega_0^2 x$$

$$\omega_0 = \sqrt{\frac{k}{m}} = \sqrt{\frac{18}{2}} = 3\ \text{rad/s}$$

$x(t) = \text{A}\cdot\cos(?t+\phi)$

$v(t) = -\text{A}?\sin(?t+\phi)$

$a(t) = -\text{A}?^2\cos(?t+\phi)$

よって，以下の通りとなる．

固有角振動数 3 rad/s，固有振動数 $\dfrac{3}{2\pi}$ Hz，

周期 $\dfrac{2\pi}{3}$ s，　振幅 0.1 m，

位相角 $\dfrac{\pi}{4}$, 0.785 rad (45°)

すなわち，

位置（変位）$x(t) = 0.1\cos(3t - 0.785)$

速度　$v(t) = -0.3\sin(3t - 0.785)$

加速度　$a(t) = -0.9\cos(3t - 0.785)$

8.5

高度 500 m での山地の圧力

$p = p_0 - \rho gh$

$= 1.013 \times 10^5 - 1.226 \times 9.807 \times 500$

$= 9.539 \times 10^4$ Pa (954 hPa)

水深 10 m での海中の圧力

$p = p_0 + \rho gh$

$= 1.013 \times 10^5 + 1.027 \times 10^3 \times 9.807 \times 100$

$= 2.01 \times 10^5$ Pa（約 2 気圧）

8.6

$S_A = 2.0\ \text{m}^2$，$S_B = 0.50\ \text{m}^2$，

油の密度 $\rho = 0.80 \times 10^3\ \text{kg/m}^3$

(1) $\dfrac{W_A}{S_A} = \dfrac{W_B}{S_B}$ より，

$$W_B = \frac{S_B}{S_A}W_A = \frac{0.50}{2.0} \times 40 = 10\ \text{N}$$

A を持ち上げた分の油の体積 S_Ax_A と B を押し下げた油の体積 S_Bx_B が一致するから，

$$x_B = \frac{S_A}{S_B}x_A = \frac{2.0}{0.50} \times 0.40 = 1.6\ \text{m}$$

(2) A と同じ水平面での圧力を考えて，

$\dfrac{W_A}{S_A} = \rho gh$ より，

$$h = \frac{W_A}{\rho g S_A} = \frac{40 \times 9.8}{0.80 \times 10^3 \times 9.8 \times 2.0} = 0.025\ \text{m}$$

8.7

水の密度を ρ，管内の水位の高さを h とすると圧力差は，

$$p_B - p_A = \rho gh$$

$v_B = 0$ として，A から B へ向かう流線にベルヌーイの定理を適用すると，

$$p_A + \frac{1}{2}\rho v_A^2 = p_B$$

上記 2 式より，

$$h = \frac{p_B - p_A}{\rho g} = \frac{v_A^2}{2g} = \frac{(0.70)^2}{2 \times 9.8} = 0.025 = 2.5\ \text{cm}$$

索引

ア行

圧力　92
(Pressure)

位置エネルギー　42
(Potential Energy)

位置ベクトル　51
(Position Vector)

引力　56
(Attractive Force)

運動エネルギー　44, 72
(Kinetic Energy)

運動の第1法則　19
(First Law of Motion)

運動の第2法則　19
(Second Law of Motion)

運動の第3法則　21
(Third Law of Motion)

運動量　30
(Momentum)

運動量保存の法則　31, 68
(Law of Conservation of Momentum)

X線回折　4
(X-ray Diffraction)

エネルギー　41
(Energy)

遠隔力　18
(Non-contact Force)

横弾性係数　81
(Shear Modulus)

応力　76
(Stress)

温度　92
(Temperature)

カ行

外力　64
(External Forces)

角運動量　54
(Angular Momentum)

角運動量保存則　56, 69
(Law of Conservation of Angular Momentum)

核磁気共鳴　5
(NMR：Nuclear Magnetic Resonance)

角振動数　89
(Angular Frequency)

角速度　71
(Angular Velocity)

慣性モーメント　71
(Moment of Inertia)

逆2乗の法則　59
(Inverse Square Law)

極座標系　8
(Polar Coordinate System)

ケプラーの法則　58
(Kepler's Laws)

第1法則 - 楕円軌道　58
(Elliptical Orbit)

第2法則 - 面積速度一定の法則　58
(Law of Equal Areas)

第3法則 - 調和の法則　58
(Harmonic Law)

原子間力顕微鏡　5
(AFM：Atomic Force Microscope)

光学　2
(Optics)

剛体　64
(Rigid Body)

剛体の回転運動　71
(Rotational Motion of a Rigid Body)

剛体の並進運動　70
(Translational Motion of a Rigid Body)

固定軸まわりの慣性モーメント　71
(Moment of Inertia around a Fixed Axis)

サ行

座標系　8
(Coordinate System)

残留ひずみ　80
(Residual Strain)

仕事　38
(Work)

仕事率　41
(Power)

質点　8
(Point Mass)

質点系　64
(System of Particles)

質点系の運動方程式　67
(Equation of Motion for a System of Particles)

質点の位置ベクトル　70
(Position Vector of a Particle)

重心　65
(Center of Mass)

重心の位置ベクトル　67
(Position Vector of Center of Mass)

縦弾性係数　80
(Young's Modulus)

重力　18
(Gravitational Force)

重力の合力　65
(Resultant Gravitational Force)

ジュール　39
(J. Joule)

静圧　92
(Static Pressure)

静止摩擦力　28
(Static Friction)

静水圧　93
(Hydrostatic Pressure)

生物学　3
(Biology)

生命科学　2
(Life Sciences)

積分　10
(Integration)

全運動量　67
(Total Momentum)

層流　96
(Laminar Flow)

塑性　76
(Plasticity)

タ行

体積弾性係数　81
(Bulk Modulus)

単振動　88
(Simple Harmonic Motion)

単振動の微分方程式　88
(Differential Equation of Simple Harmonic Motion)

弾性　76
(Elasticity)

弾性限度　80
(Elastic Limit)

単振り子　91
(Simple Pendulum)

力のモーメント　53, 70
(Moment of Force)

中心力　56
(Central Force)

張力　18
(Tension)

直線運動　9
(Linear Motion)

直交座標系　8
(Cartesian Coordinate System)

索 引

電磁気学　5
(Electromagnetism)

動圧　92
(Dynamic Pressure)

等加速度直線運動　12
(Uniformly Accelerated Motion)

等時性　91
(Isochronism)

等速直線運動　11
(Uniform Linear Motion)

トリチェリーの定理　95
(Torricelli's Theorem)

トルク　53
(torque)

ナ行

内力　64
(Internal and External Forces)

粘性流体　95
(Viscous Fluid)

農学　2
(Agronomy)

ハ行

パスカルの原理　94
(Pascal's Principle)

ばね定数　88
(Spring Constant)

万有引力　22
(Universal Gravitation)

万有引力定数　60
(Gravitational Constant)

ひずみ　79
(Strain)

微分　10
(Differentiation)

比例限度　80
(Proportional Limit)

復元力　88
(Restoring Force)

フックの法則　81
(Hooke's Law)

物理学　2
(Physics)

ベルヌーイの定理　95
(Bernoulli's Principle)

ポアソン比　81
(Poisson's Ratio)

マ行

摩擦力　18
(Frictional Force)

密度　92
(Density)

面積速度　58
(Areal Velocity)

ヤ行

油圧ジャッキ　94
(Hydraulic Jack)

ラ行

乱流　96
(Turbulent Flow)

力学　6
(Mechanics)

力学的エネルギー　45
(Mechanical Energy)

力積　31
(Impulse)

レイノルズ数　96
(Reynolds Number)

連続の式　94
(Equation of Continuity)

ワ行

ワット　41
(W, Watt)

著　者

土川　　覚
名古屋大学大学院生命農学研究科・教授・博士（農学）

稲垣　哲也
名古屋大学大学院生命農学研究科・准教授・博士（農学）

農学・生命科学のための　物理学

ISBN　978-4-8082-2091-4

2025年　4月　1日　初版発行

著者代表 © 土　川　　覚
発 行 者　鳥　飼　正　樹
印　　刷
製　　本　三美印刷 株式会社

発行所
株式会社 東京教学社

郵便番号　112-0002
住　　所　東京都文京区小石川 3-10-5
電　　話　03（3868）2405
F　A　X　03（3868）0673
https://www.tokyokyogakusha.com

国際単位系（SI）

SI 基本単位

物理量	名称	記号
長さ	メートル	m
質量	キログラム	kg
時間	秒	s
電流	アンペア	A
熱力学温度	ケルビン	K
物質量	モル	mol
光度	カンデラ	cd

SI 組立単位の例

物理量	記号
速度，速さ	m/s
加速度	m/s^2
角速度	rad/s
角加速度	rad/s^2
密度	kg/m^3
力のモーメント	N·m
粘性係数	Pa·s
表面張力	N/m
波数	m^{-1}
比熱	J/(kg·K)
モル比熱	J/(mol·K)
熱電導率	W/(m·K)
熱容量，エントロピー	J/K
モル濃度	mol/m^3
電場（界）の強さ	V/m
誘電率	F/m
磁場（界）の強さ	A/m
透磁率	H/m
電束密度，電気変位	C/m^2
輝度	cd/m^2
照射線量	C/kg
吸収線	Gy/s

固有の名称と記号をもつ SI 組立単位

物理量	名称	記号	他の SI 単位による表現
平面角	ラジアン	rad	
立体角	ステラジアン	sr	
振動数（周波数）	ヘルツ	Hz	s^{-1}
力	ニュートン	N	kg·m/s^2
圧力，応力	パスカル	Pa	N/m^2
エネルギー，仕事，熱量	ジュール	J	N·m
仕事率，電力	ワット	W	J/s
電気量，電荷，電束	クーロン	C	s·A
電位，電圧，起電力	ボルト	V	W/A
静電容量	ファラド	F	C/V
電気抵抗	オーム	Ω	V/A
コンダクタンス	ジーメンス	S	A/V
磁束	ウェーバー	Wb	V·s
磁束密度	テスラ	T	Wb/m^2
インダクタンス	ヘンリー	H	Wb/A
セルシウス温度	セルシウス度	°C	K
光束	ルーメン	lm	cd·sr
照度	ルクス	lx	lm/m^2
放射能	ベクレル	Bq	s^{-1}
吸収線量	グレイ	Gy	J/kg
線量当量，等価線量	シーベルト	Sv	J/kg
酸素活性	カタール	kat	mol/s

SI 接頭語

名称	記号	指数表記	名称	記号	指数表記
quetta（クエタ）	Q	10^{30}	deci（デシ）	d	10^{-1}
ronna（ロナ）	R	10^{27}	centi（センチ）	c	10^{-2}
yotta（ヨタ）	Y	10^{24}	milli（ミリ）	m	10^{-3}
zetta（ゼタ）	Z	10^{21}	micro（マイクロ）	μ	10^{-6}
exa（エクサ）	E	10^{18}	nano（ナノ）	n	10^{-9}
peta（ペタ）	P	10^{15}	pico（ピコ）	p	10^{-12}
tera（テラ）	T	10^{12}	femto（フェムト）	f	10^{15}
giga（ギガ）	G	10^{9}	atto（アト）	a	10^{-18}
mega（メガ）	M	10^{6}	zepto（ゼプト）	z	10^{-21}
kilo（キロ）	k	10^{3}	yocto（ヨクト）	y	10^{-24}
hecto（ヘクト）	h	10^{2}	ronto（ロント）	r	10^{-27}
deca（デカ）	da	10^{1}	quecto（クエクト）	q	10^{-30}

物理定数表

CODATA（2022 年）より，［（　）内数字は標準不確かさ（標準偏差で表した不確かさ）を示す］

名称　*は定義値	記号	値	単位
標準重力加速度*	g_n	9.806 65	$\mathrm{m/s^2}$
万有引力定数	G	$6.674\ 30(15)\times10^{-11}$	$\mathrm{N\ m^2/kg^2}$
真空中の光の速さ*	c	299 792 458	m/s
磁気定数 $2\alpha h/(ce^2)$　($\cong 4\ \pi\times10^{-7}$)	μ_0	$1.256\ 637\ 061\ 27(20)\times10^{-6}$	H/m
電気定数 $1/(\mu_0 c^2)$	ε_0	$8.854\ 187\ 8188(14)\times10^{-12}$	F/m
電気素量*	e	$1.602\ 176\ 634\times10^{-19}$	C
プランク定数*	h	$6.626\ 070\ 15\times10^{-34}$	J s
プランク定数* $h/(2\ \pi)$	$\hbar$	$1.054\ 571\ 817\cdots\times10^{-34}$	$\mathrm{kg\ m^2/s}$
電子の質量	m_e	$9.109\ 383\ 7139(28)\times10^{-31}$	kg
陽子の質量	m_p	$1.672\ 621\ 925\ 95(52)\times10^{-27}$	kg
中性子の質量	m_n	$1.674\ 927\ 500\ 56(85)\times10^{-27}$	kg
微細構造定数 $e^2/(4\pi\varepsilon_0 c\hbar)=\mu_0 ce^2/(2h)$	α	$7.297\ 352\ 5643(11)\times10^{-3}$	
リュードベリ定数 $c\alpha^2 m_\mathrm{e}/(2h)$	R_∞	10 973 731.568 157(12)	$\mathrm{m^{-1}}$
ボーア半径 $\varepsilon_0 h^2/(\pi m_\mathrm{e} e^2)$	a_0	$5.291\ 772\ 105\ 44(82)\times10^{-11}$	m
ボーア磁子 $eh/(4\pi m_\mathrm{e})$	μ_B	$9.274\ 010\ 0657(29)\times10^{-24}$	J/T
電子の磁気モーメント	μ_e	$-9.284\ 764\ 6917(29)\times10^{-24}$	J/T
電子の比電荷	$-e/m_\mathrm{e}$	$-1.758\ 820\ 008\ 38(55)\times10^{11}$	C/kg
原子質量単位	m_u	$1.660\ 539\ 068\ 92(52)\times10^{-27}$	kg
アボガドロ定数*	N_A	$6.022\ 140\ 76\times10^{23}$	$\mathrm{mol^{-1}}$
ボルツマン定数*	k	$1.380\ 649\times10^{-23}$	J/K
気体定数* $N_\mathrm{A}k$	R	$8.314\ 462\ 618\cdots$	J/(mol K)
ファラデー定数* $N_\mathrm{A}e$	F	$96\ 485.332\ 12\cdots$	C/mol
シュテファン・ボルツマン定数* $2\pi^5k^4/(15h^3c^2)$	σ	$5.670\ 374\ 419\cdots\times10^{-8}$	$\mathrm{W/(m^2\ K^4)}$
ジョセフソン定数* $2e/h$	K_J	$483\ 597.848\ 4\cdots\times10^{9}$	Hz/V
フォン・クリッツィング定数* h/e^2	R_K	$25\ 812.807\ 45\cdots$	Ω
0°C の絶対温度*	T_0	273.15	K
標準大気圧*	atm	101 325	Pa
理想気体の 1 モルの体積* RT_0/P_0	V_m	$22.413\ 969\ 54\cdots\times10^{-3}$	$\mathrm{m^3/mol}$

https://physics.nist.gov/cuu/Constants/

ギリシャ文字

A	α	アルファ	N	ν	ニュー
B	β	ベータ	Ξ	ξ	グザイ（クシー）
Γ	γ	ガンマ	O	o	オミクロン
Δ	δ	デルタ	Π	π	パイ
E	ε	イプシロン	P	ρ	ロー
Z	ζ	ゼータ	$\sum$	$\sigma\ \varsigma$	シグマ
H	η	イータ	T	τ	タウ
Θ	θ	シータ	Υ	υ	ウプシロン
I	ι	イオタ	Φ	$\phi\ \varphi$	ファイ
K	κ	カッパ	X	χ	カイ
Λ	λ	ラムダ	Ψ	ϕ	プサイ
M	μ	ミュー	Ω	ω	オメガ